中国节约用水报告
2024

中华人民共和国水利部 编

中国水利水电出版社
www.waterpub.com.cn
·北京·

图书在版编目（CIP）数据

中国节约用水报告. 2024 / 中华人民共和国水利部编. -- 北京 : 中国水利水电出版社, 2025. 6. -- ISBN 978-7-5226-3489-0

I. TU991.64

中国国家版本馆CIP数据核字第2025A6S485号

审图号：GS京（2025）0890号

书　　名	中国节约用水报告2024 ZHONGGUO JIEYUE YONGSHUI BAOGAO 2024
作　　者	中华人民共和国水利部　编
出版发行	中国水利水电出版社 （北京市海淀区玉渊潭南路1号D座　100038） 网址：www.waterpub.com.cn E-mail: sales@mwr.gov.cn 电话：（010）68545888（营销中心）
经　　售	北京科水图书销售有限公司 电话：（010）68545874、63202643 全国各地新华书店和相关出版物销售网点
排　　版	中国水利水电出版社装帧出版部
印　　刷	北京印匠彩色印刷有限公司
规　　格	210mm×285mm　16开本　4.5印张　118千字
版　　次	2025年6月第1版　2025年6月第1次印刷
定　　价	58.00元

凡购买我社图书，如有缺页、倒页、脱页的，本社营销中心负责调换

版权所有·侵权必究

《中国节约用水报告 2024》编委会

主　　任：陈　敏

副 主 任：程殿龙　蒋牧宸　张清勇

委　　员：（以姓氏笔画为序）
丁志军　于　洋　于义彬　马　涛　王　欢　王　波　王　健
王九大　王建华　王厚军　王辉民　付自龙　边广琦　朱美娜
刘　斌　齐兵强　闫宏伟　许德志　李　英　李　烽　李筱翠
李增裕　束庆鹏　吴　强　余　剑　汪　雁　张继群　果天廓
易越涛　金敬东　郑红星　孟庆宇　胡　卫　段志伟　夏海霞
倪　莉　郭　海　姬　宏　黄利群

编写工作组：（以姓氏笔画为序）
丁蓬莱　马　帅　马天旗　王　俊　王　崴　王　鹏　王怡人
王炳龙　王健宇　牛统莉　毛阳春　石春晓　刘　昭　刘中一
刘泽星　关国雄　孙　美　李汪苗　李建昌　李建峰　李春潮
李贵军　李素捷　李笑天　李培红　李启旭　杨　轶　杨雨凡
肖昊珠　吴　静　吴玥锋　邱　凉　何　力　何　凡　何　旭
何兰超　何素琴　何菡丹　宋　歌　宋立廷　张　阳　张　腾
张子荣　张建功　张建伟　张静淑　陆鹏程　陈　晓　陈　梅
陈　鹏　陈红红　陈春燕　邵嫣婷　范　杰　罗　凝　罗国树
周　妍　周哲宇　周落星　赵　康　赵志刚　赵春红　郝远远
胡桂全　战子欣　侯　坤　费　佳　贺　英　聂志清　莫　彦
钱文江　钱依恋　徐　卿　徐　磊　殷天佐　郭　悦　郭碧莹
黄惠佳　梅传书　曹鹏飞　常　帅　崔　静　梁生雄　寇慧英
董四方　蒋雨彤　缪　坚　薛　敏　薛彦东

目 录
CONTENTS

一	综述	01
二	全国节约用水水平	04
	（一）用水总量	04
	（二）用水效率	07
三	农业节水增效	12
	（一）农业用水	12
	（二）省级行政区重点大中型灌区用水	14
四	工业节水减排	16
	（一）工业用水	16
	（二）典型工业园区用水	18
五	城镇节水降损	20
	（一）城镇生活用水	20
	（二）公共机构用水	22
六	非常规水利用	24
	（一）不同类型非常规水利用	24
	（二）不同领域非常规水利用	25
	（三）非常规水利用设施	27
七	重点区域节水	29
	（一）黄河流域	29
	（二）京津冀地区	29
	（三）粤港澳大湾区	29
	（四）长三角地区	29

		（五）	长江经济带……………………………………………30
八	**节水载体建设**……………………………………………………31		
		（一）	水效领跑……………………………………………31
		（二）	节水载体建设………………………………………39
九	**水预算管理**………………………………………………………40		
		（一）	水预算管理…………………………………………40
		（二）	计划用水管理………………………………………40
十	**重点监控用水单位用水**…………………………………………43		
		（一）	国家级重点监控用水单位用水……………………43
		（二）	省、市级重点监控用水单位用水…………………43
十一	**节水产业发展**…………………………………………………45		
		（一）	节水技术创新………………………………………45
		（二）	水权水市场…………………………………………47
		（三）	合同节水管理………………………………………47
		（四）	水效标识……………………………………………51
		（五）	节水投融资…………………………………………51
		（六）	节水认证……………………………………………52
十二	**节水宣传教育**…………………………………………………53		
十三	**节水法规政策标准**……………………………………………55		
		（一）	节水法规政策………………………………………55
		（二）	节水标准定额………………………………………57

编写说明………………………………………………………………61

一 综述

2024年，各地区、各部门深入贯彻落实习近平总书记"节水优先、空间均衡、系统治理、两手发力"治水思路和关于治水重要论述精神，以落实水资源刚性约束制度和实施《节约用水条例》为主线，统筹推进国家节水行动，节水工作在理论创新、实践创新、制度创新方面实现了新的突破，节水制度政策更趋完善，节水激励约束机制不断健全，节水产业技术支撑更加有力，全社会用水效率持续提升。

1. 总量强度双控

2024年，全国用水总量5928.0亿m^3，较2023年增加21.5亿m^3。全国万元国内生产总值（当年价）用水量43.9m^3，万元工业增加值（当年价）用水量24.0m^3，按可比价计算分别较2023年下降4.4%和5.3%。耕地灌溉亩均用水量342m^3，农田灌溉水有效利用系数提升至0.580。非常规水利用量占比提高至4.2%。

2. 行业领域节水

农业节水增效：2024年全国农业用水量3648.4亿m^3，较2023年减少24.0亿m^3；灌溉面积12.26亿亩，较2023年增加0.17亿亩；新增高效节水灌溉面积1635.8万亩。工业节水减排：2024年全国工业用水量971.0亿m^3，较2023年增加0.8亿m^3，其中火（核）电工业直流式冷却用水量477.5亿m^3，较2023年减少12.5亿m^3。城镇节水降损：2024年全国生活用水量926.8亿m^3，较2023年增加17.0亿m^3，人均生活用水量180L/d，人均居民生活用水量127L/d。

3. 非常规水利用

2024年，全国非常规水利用量251.6亿m^3，较2023年增加39.3亿m^3，其中再生水利用量达212.2亿m^3，较2023年增加34.6亿m^3。农业领域、工业领域、生活领域、人工生态环境领域非常规水利用量分别为31.6亿m^3、52.7亿m^3、4.6亿m^3、162.7亿m^3。

4. 重点区域节水

2024年，黄河流域九省（自治区）用水总量1265.7亿 m^3；京津冀地区用水总量263.9亿 m^3；粤港澳大湾区用水总量228.5亿 m^3；长三角地区用水总量1133.8亿 m^3；长江经济带用水总量2590.9亿 m^3。

5. 节水载体建设

2024年，遴选公布用水产品水效领跑者28个，重点用水企业、园区水效领跑者82家，公共机构水效领跑者200家（2024—2026年）。全国新建成节水载体9503个，其中节水型工业企业1029家，节水型服务业单位6873家，节水型灌区42个，节水型居民小区1559个。

6. 水预算管理

2024年，水利部公布水预算管理试点地区10个，16个省级行政区公布省级水预算管理试点37个。全国纳入计划用水管理的河道外取水户45.0万户，计划用水量4856.2亿 m^3，实际用水量3948.7亿 m^3；全国公共供水管网内实行计划用水管理的用水户83.1万户（不含居民生活用水），计划用水量400.0亿 m^3，实际用水量297.0亿 m^3。

7. 重点监控用水单位用水

2024年，全国重点监控用水单位17372个，实际用水量1960.9亿 m^3。其中，国家级重点监控用水单位1480个，实际用水量1232.3亿 m^3；省级重点监控用水单位3219个，实际用水量314.3亿 m^3；市级重点监控用水单位12673个，实际用水量414.2亿 m^3。

8. 节水产业发展

2024年，水利部发布节水领域成熟适用水利科技成果5项；通过国家水权交易平台开展水权交易11312单，交易水量13.7亿 m^3，交易金额2.7亿元；新增合同节水管理项目687项，投资金额42.5亿元，年节水量约3.1亿 m^3；25个省级行政区开展"节水贷"金融服务，发放贷款1121.3亿元。截至2024年，全国获得节水产品认证证书的企业1173家，有效证书5141张；获得节水服务认证证书的企业68家，有效证书68张。

9. 节水宣传教育

2024年，首届"节水中国行"主题宣传活动在陕西西安举办，年度中国节水十大经典案例发布。全国1208个市（县、区）开展"千城地标亮节水"联合行动，共点亮1.1万个城市地标。全国开展节水宣传"五进"活动超过2万次；中央媒体累计发布节水相关报道 7000 余篇次。

10. 节水法规政策标准

2024年，国务院颁布《节约用水条例》并于2024年5月1日起正式施行。节约用水工作部际协调机制成员单位发布节水重要政策文件24项；制定修订国家节水标准定额及计量技术规范12项。水利部发布节水领域行业标准2项。17个省级行政区制定修订地方节水标准定额。

二 全国节约用水水平

（一）用水总量

1. 全国用水总量

2024 年，全国用水总量 5928.0 亿 m^3。其中，农业用水量、工业用水量、生活用水量、人工生态环境补水量分别为 3648.4 亿 m^3、971.0 亿 m^3、926.8 亿 m^3、381.8 亿 m^3，在用水总量中的占比分别为 61.6%、16.4%、15.6%、6.4%。

2012 年以来全国用水总量总体平稳。2012—2024 年全国年度用水总量组成见图 2-1。

图 2-1 2012—2024 年全国年度用水总量组成图

2. 水资源一级区用水总量

2024年，松花江区、辽河区、长江区、珠江区、西南诸河区、西北诸河区6个水资源一级区用水总量较2023年基本持平或有所减少，其余4个水资源一级区用水总量略有增加。北方6区用水总量较2023年增加0.5%，南方4区增加0.2%。2024年水资源一级区用水总量见表2-1。

表2-1　2024年水资源一级区用水总量

水资源一级区	农业用水量/亿 m³	工业用水量/亿 m³	其中：火（核）电工业直流式冷却用水量/亿 m³	生活用水量/亿 m³	人工生态环境补水量/亿 m³	用水总量/亿 m³	用水总量与上年比较/%
全国	3648.4	971.0	477.5	926.8	381.8	5928.0	0.4
北方6区	1938.4	212.1	12.4	317.0	235.4	2702.9	0.5
南方4区	1710.0	758.9	465.1	609.8	146.4	3225.1	0.2
松花江区	344.0	20.5	6.4	26.9	21.6	413.0	−0.2
辽河区	120.7	17.7	0.1	31.2	13.3	183.1	−7.9
海河区	187.5	39.4	0.1	72.9	81.1	381.0	2.3
黄河区	248.1	50.4	0.0	57.6	35.4	391.4	2.1
淮河区	388.5	66.1	5.6	103.7	40.6	598.9	2.5
长江区	1031.6	585.6	411.4	350.7	85.5	2053.4	0.0
其中：太湖流域	61.2	212.5	175.0	62.4	9.5	345.6	0.6
东南诸河区	141.9	57.5	11.4	71.5	22.3	293.1	2.6
珠江区	449.7	110.9	42.4	174.9	37.2	772.7	0.0
西南诸河区	86.8	5.0	0.0	12.7	1.5	105.9	−0.6
西北诸河区	649.6	18.1	0.2	24.6	43.3	735.6	0.0

3. 省级行政区用水总量

2024年，天津、内蒙古、辽宁、黑龙江、江西、湖南、广西、海南、贵州、云南、西藏、宁夏、新疆13个省级行政区用水总量较2023年基本持平或有所减少，其余18个省级行政区用水总量较2023年略有增加。2024年省级行政区用水总量及年际变化见表2-2。

表 2-2　2024 年省级行政区用水总量及年际变化

省级行政区	用水总量 / 亿 m^3	与上年比较 / %
全　国	5928.0	0.4
北　京	42.1	3.4
天　津	32.0	−2.1
河　北	189.8	1.8
山　西	70.0	0.4
内蒙古	189.9	−6.4
辽　宁	123.3	−2.2
吉　林	107.0	1.5
黑龙江	288.5	−0.1
上　海	107.3	2.4
江　苏	578.7	1.3
浙　江	173.1	2.1
安　徽	274.7	0.4
福　建	172.5	2.6
江　西	238.2	−1.0
山　东	231.6	3.7
河　南	214.2	2.6
湖　北	340.2	1.1
湖　南	298.7	−3.3
广　东	411.3	2.7
广　西	250.5	−3.1
海　南	44.4	−2.6
重　庆	71.3	0.7
四　川	255.2	1.1
贵　州	93.0	−0.2
云　南	160.5	−1.1
西　藏	32.1	−0.3
陕　西	100.0	6.8
甘　肃	117.3	1.3
青　海	26.1	4.8
宁　夏	61.4	−5.2
新　疆	633.0	0.0

（二）用水效率

1. 全国用水效率

2024年，全国人均综合用水量421m^3，万元国内生产总值（当年价）用水量43.9m^3，万元工业增加值（当年价）用水量24.0m^3，农田灌溉水有效利用系数0.580，耕地灌溉亩均用水量342m^3，非常规水利用量占比4.2%。按可比价计算，万元国内生产总值用水量和万元工业增加值用水量分别较2023年下降4.4%和5.3%。

2. 水资源一级区用水效率

2024年水资源一级区用水效率主要指标见表2-3。

表2-3 2024年水资源一级区用水效率主要指标

水资源一级区	人均综合用水量/m^3	万元国内生产总值用水量/m^3	万元工业增加值用水量/m^3	耕地灌溉亩均用水量/m^3	人均生活用水量/(L/d)	人均居民生活用水量/(L/d)
松花江区	770	130.0	44.2	377	137	101
辽河区	351	47.8	16.8	201	164	113
海河区	255	26.7	10.7	165	134	96
黄河区	343	37.6	13.4	253	138	100
淮河区	292	33.5	12.2	218	139	105
长江区	438	42.0	40.7	402	205	140
其中：太湖流域	504	25.4	50.0	461	249	152
东南诸河区	319	24.0	13.8	446	213	142
珠江区	368	40.0	18.3	644	229	162
西南诸河区	504	105.9	26.2	401	165	114
西北诸河区	2134	265.8	19.2	478	196	154

3. 省级行政区用水效率

2024年省级行政区用水效率主要指标见表2-4，全国各指标分布见图2-2~图2-7。

表 2-4 2024 年省级行政区用水效率主要指标

省级行政区	人均综合用水量 /m³	万元国内生产总值用水量 /m³	万元工业增加值用水量 /m³	农田灌溉水有效利用系数	耕地灌溉亩均用水量 /m³	非常规水利用量占比 /%
全 国	**421**	**43.9**	**24.0**	**0.580**	**342**	**4.2**
北 京	193	8.4	4.8	0.752	115	31.4
天 津	235	17.8	8.1	0.724	220	21.0
河 北	257	39.9	10.9	0.679	153	9.9
山 西	203	27.5	11.4	0.578	162	9.7
内蒙古	794	72.2	16.7	0.588	182	4.7
辽 宁	296	37.8	14.9	0.593	334	6.4
吉 林	460	74.5	20.9	0.609	287	5.4
黑龙江	947	175.1	31.3	0.613	437	1.1
上 海	432	19.9	62.4	0.740	468	1.3
江 苏	679	42.2	50.9	0.624	403	2.8
浙 江	260	19.2	12.3	0.615	380	3.6
安 徽	449	54.3	56.5	0.580	242	3.1
福 建	412	29.9	15.3	0.573	561	5.5
江 西	528	69.6	33.6	0.547	549	1.5
山 东	229	23.5	10.7	0.650	164	8.9
河 南	219	33.7	11.1	0.629	156	6.7
湖 北	583	56.7	39.8	0.548	378	2.1
湖 南	456	56.1	28.4	0.569	475	2.2
广 东	323	29.0	15.3	0.538	711	6.4
广 西	499	87.4	36.9	0.526	699	2.0
海 南	425	56.0	18.8	0.582	659	1.7
重 庆	224	22.2	24.5	0.515	293	8.9
四 川	305	39.4	11.5	0.509	343	3.3
贵 州	241	41.0	18.0	0.503	388	1.6
云 南	344	50.9	16.6	0.526	351	2.3
西 藏	873	116.0	34.5	0.463	495	0.9
陕 西	253	28.2	12.2	0.586	257	8.4
甘 肃	476	90.2	18.3	0.591	405	4.1
青 海	440	66.1	23.9	0.510	435	4.8
宁 夏	842	111.5	28.0	0.586	476	6.2
新 疆	2425	308.3	17.3	0.583	507	2.5

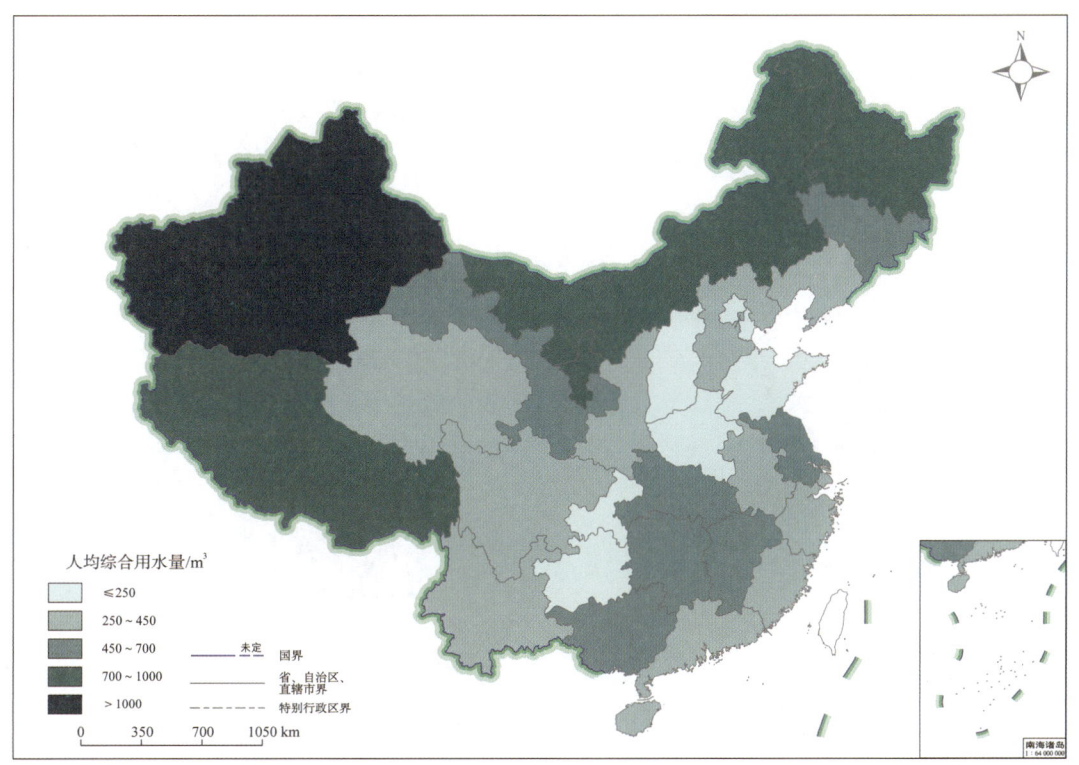

图 2-2 2024 年全国人均综合用水量分布图

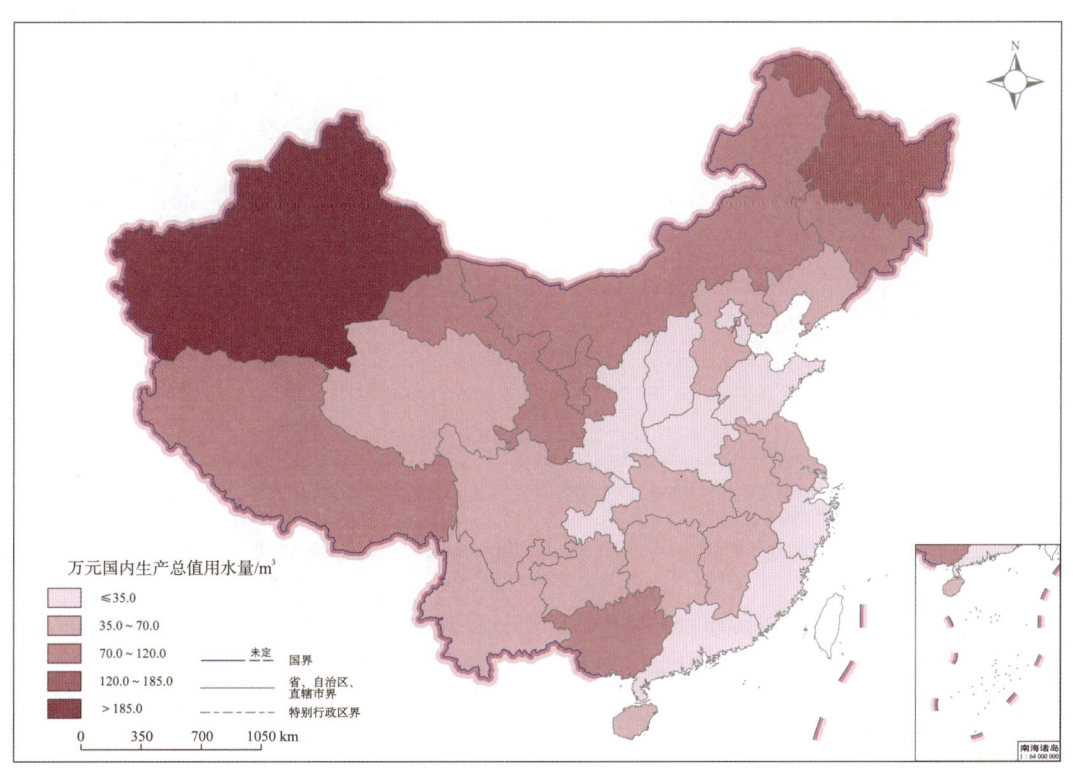

图 2-3 2024 年全国万元国内生产总值用水量分布图

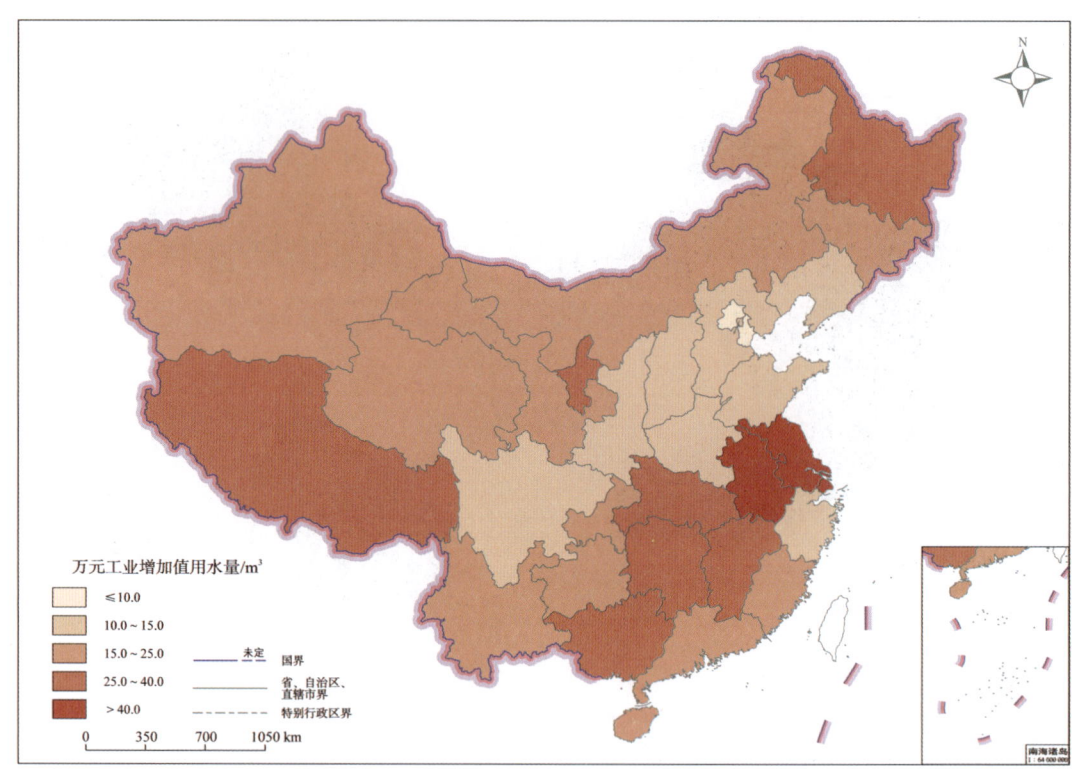

图 2-4　2024 年全国万元工业增加值用水量分布图

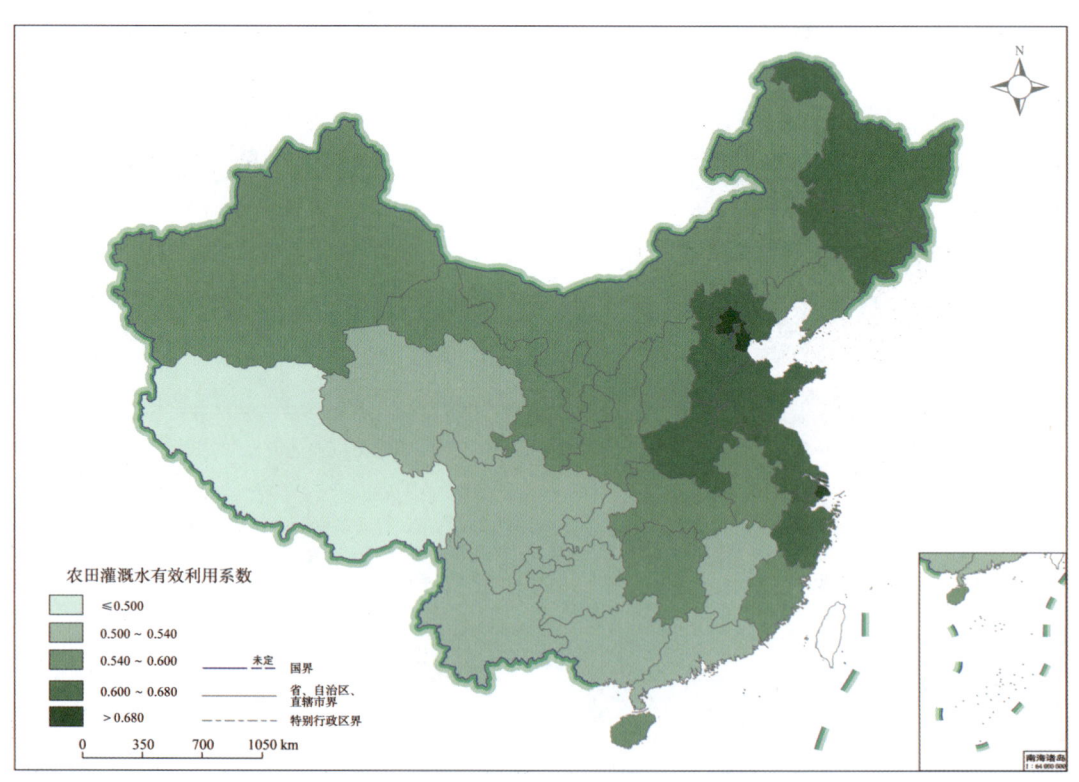

图 2-5　2024 年全国农田灌溉水有效利用系数分布图

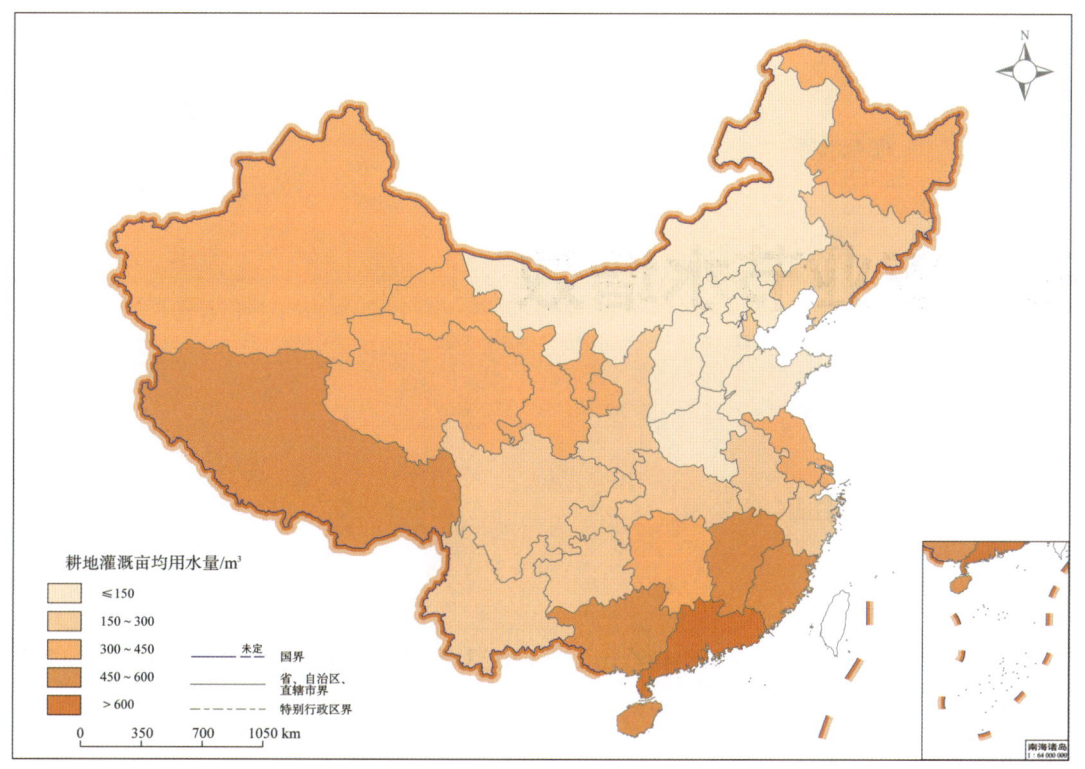

图 2-6　2024 年全国耕地灌溉亩均用水量分布图

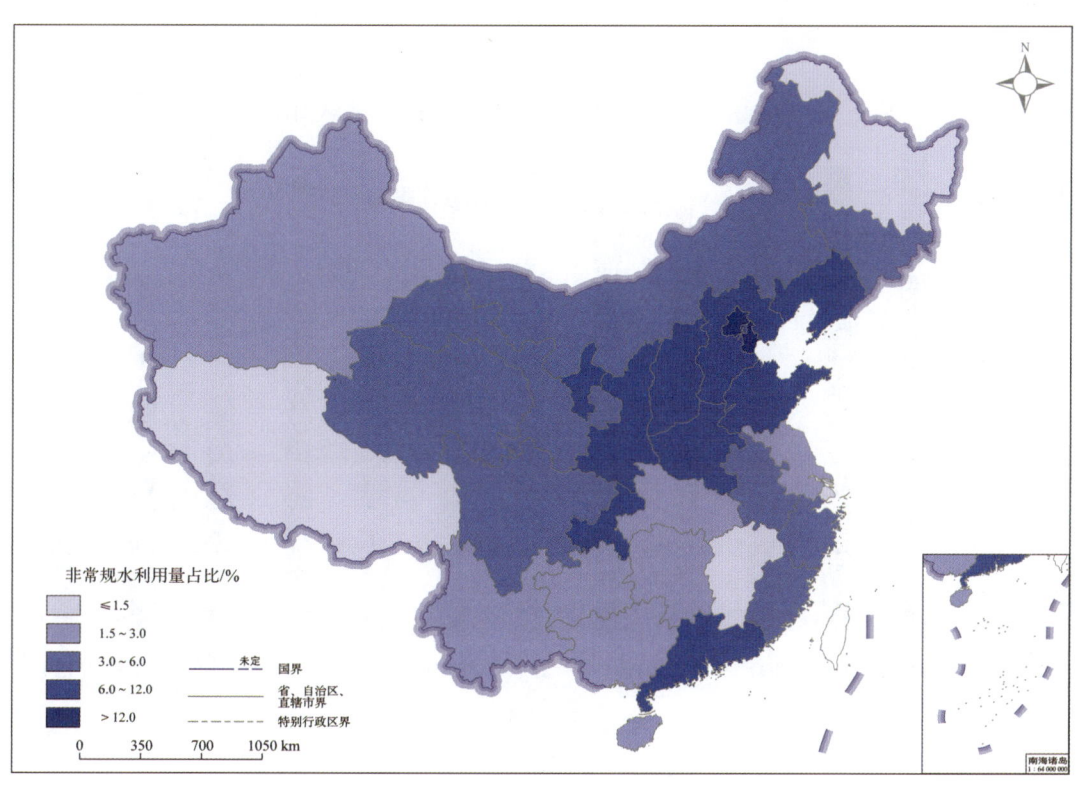

图 2-7　2024 年全国非常规水利用量占比分布图

三　农业节水增效

（一）农业用水

1. 全国农业用水

2024年，全国农业用水量3648.4亿 m^3，较2023年减少24.0亿 m^3；灌溉面积12.26亿亩，较2023年增加0.17亿亩；新增高效节水灌溉面积1635.8万亩。

2012年以来，全国农业用水量呈波动下降趋势，灌溉面积呈增加趋势。2012—2024年全国农业用水量及灌溉面积变化见图3-1。

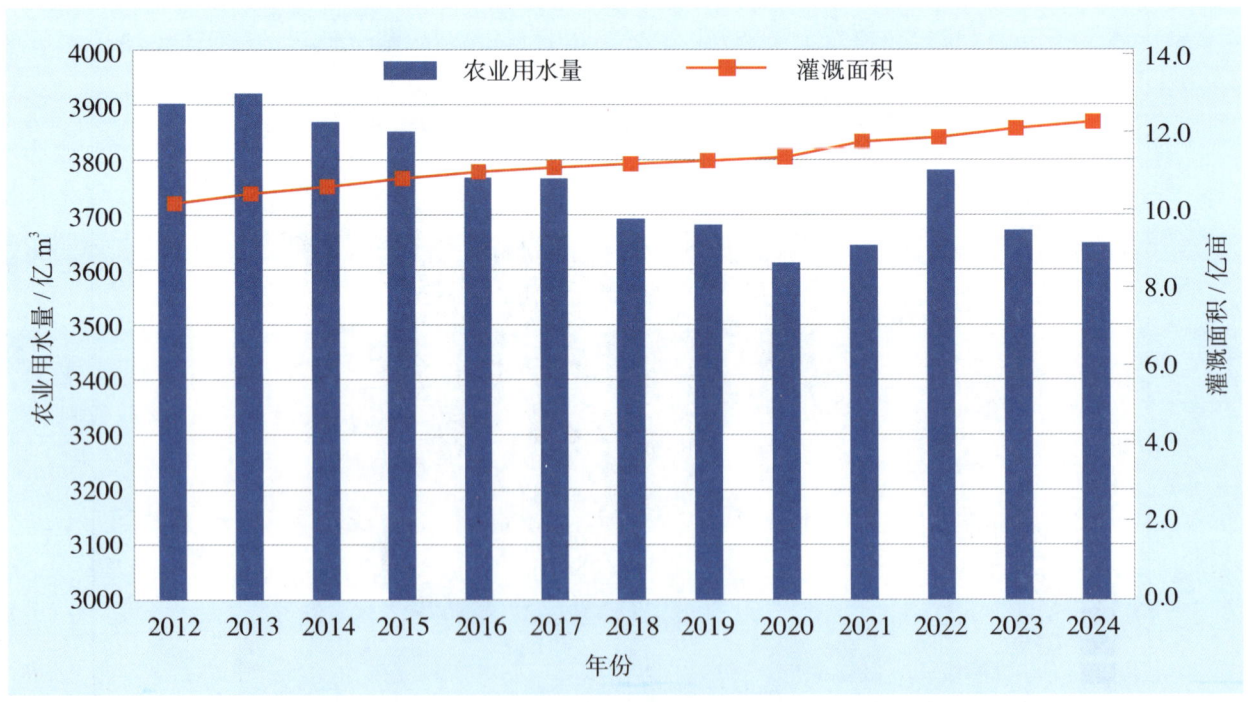

图 3-1　2012—2024 年全国农业用水量及灌溉面积变化图

2. 省级行政区农业用水

2024年，北京、天津、河北、山西、内蒙古、辽宁、吉林、黑龙江、安徽、福建、江西、湖南、广东、广西、海南、重庆、贵州、云南、西藏、甘肃、宁夏21个省级行政区农业用水量较2023年减少，其余10个省级行政区农业用水量较2023年略有增加。2024年省级行政区农业用水量及灌溉面积见表3-1。

表3-1 2024年省级行政区农业用水量及灌溉面积

省级行政区	农业用水量/亿 m^3		灌溉面积/万亩	新增高效节水灌溉面积/万亩
	2024年	与上年比较		
全　国	**3648.4**	**−24.0**	**122614.5**	**1635.8**
北　京	2.4	−0.1	353.6	10.5
天　津	8.8	−0.6	522.9	8.0
河　北	100.2	−0.5	6884.3	347.0
山　西	36.5	−1.3	2403.9	53.0
内蒙古	138.5	−15.6	7965.6	80.1
辽　宁	71.9	−2.7	2766.6	0
吉　林	76.6	−0.8	3190.7	46.5
黑龙江	258.4	−1.0	9392.4	15.5
上　海	14.3	0.6	256.8	4.3
江　苏	244.8	4.8	7409.0	8.6
浙　江	73.7	0.6	2230.7	5.4
安　徽	148.0	−0.2	7471.2	12.4
福　建	94.2	−3.4	2483.0	6.1
江　西	165.7	−3.5	3510.3	18.9
山　东	132.9	4.8	9130.5	136.1
河　南	125.1	6.5	9107.9	263.9
湖　北	190.9	1.2	5148.5	16.1
湖　南	193.5	−3.7	4655.4	10.1
广　东	194.8	−2.7	3105.6	8.5
广　西	179.6	−2.9	2886.2	5.1
海　南	29.9	−2.2	584.6	1.5
重　庆	25.1	−0.4	1265.3	13.7
四　川	163.0	1.0	5320.1	20.5
贵　州	59.5	−0.8	2023.4	17.3
云　南	113.3	−0.6	3392.9	61.4
西　藏	27.0	−0.6	786.3	0.8
陕　西	56.0	1.0	2181.8	60.0
甘　肃	90.0	−1.4	2446.2	204.5
青　海	17.7	1.0	486.9	1.9
宁　夏	48.7	−4.3	1079.1	22.0
新　疆	567.4	3.8	12173.1	176.3

（二）省级行政区重点大中型灌区用水

2024年，部分省级行政区重点大、中型灌区节水指标见表3-2和表3-3。

表3-2　2024年省级行政区重点大型灌区节水指标

省级行政区	灌区名称	主要灌溉方式	农业灌溉用水量/万 m^3	农田灌溉水有效利用系数
天津	里自沽灌区	渠灌	16902.2	0.610
河北	石津灌区	渠灌	47814.8	0.526
山西	北赵灌区	渠灌、管灌	7308.7	0.585
内蒙古	河套灌区	渠灌	421453.4	0.490
辽宁	大洼灌区	渠灌	53720.0	0.526
吉林	前郭灌区	渠灌	38094.4	0.532
黑龙江	悦来灌区	渠灌	11161.2	0.517
江苏	堤东灌区	渠灌	18340.8	0.608
浙江	四明湖灌区	渠灌	9623.7	0.601
安徽	永幸河灌区	渠灌	10352.0	0.560
福建	山美灌区	渠灌	22486.0	0.522
江西	丰东灌区	渠灌	16090.9	0.491
山东	小开河灌区	管灌、渠灌	12712.5	0.553
河南	鸭河口灌区	渠灌	13486.7	0.537
湖北	漳河灌区	渠灌	70371.7	0.548
湖南	韶山灌区	渠灌	48754.0	0.577
广东	雷州青年运河灌区	渠灌、喷灌	45863.4	0.485
广西	武思江灌区	渠灌	18014.7	0.528
海南	松涛灌区	渠灌	56453.0	0.506
四川	玉溪河灌区	渠灌	26077.9	0.511
云南	元谋灌区	管灌	9651.5	0.555
陕西	交口抽渭灌区	渠灌	24620.0	0.558
甘肃	大满灌区	微灌	20023.8	0.567
宁夏	青铜峡灌区	渠灌、微灌	288714.3	0.565
新疆	安集海灌区	微灌	30581.0	0.675

注　安集海灌区为新疆生产建设兵团大型灌区。

表 3-3 2024 年省级行政区重点中型灌区节水指标

省级行政区	灌区名称	主要灌溉方式	农业灌溉用水量 /万 m³	农田灌溉水有效利用系数
天津	河北屯灌区	管灌	852.2	0.692
河北	计三灌区	渠灌	1023.0	0.605
山西	马崖灌区	渠灌、管灌	525.0	0.580
内蒙古	李井滩扬黄灌区	微灌	3902.4	0.779
辽宁	辽阳灌区	渠灌	7244.0	0.567
吉林	月亮泡东灌区	渠灌	2700.0	0.550
黑龙江	拉海灌区	渠灌	7587.3	0.580
江苏	江宁河灌区	渠灌	2156.0	0.633
浙江	金兰灌区	渠灌	3545.0	0.614
安徽	六郎灌区	渠灌	2955.9	0.592
福建	茜安灌区	渠灌	1960.0	0.593
江西	蒙河灌区	渠灌	2946.0	0.530
山东	豆腐窝灌区	管灌	2383.1	0.630
河南	老龙潭灌区	渠灌	128.0	0.576
湖北	吴岭灌区	渠灌	2270.0	0.549
湖南	红日水库灌区	渠灌	1173.1	0.578
广东	迳口灌区	渠灌	5841.6	0.547
广西	石门灌区	渠灌	2767.3	0.553
海南	赤田灌区	渠灌	1139.8	0.623
重庆	弹子台水库中型灌区	渠灌	464.2	0.501
四川	前锋渠灌区	渠灌	3392.3	0.527
贵州	鱼塘灌区	渠灌	2111.2	0.492
云南	八宝灌区	渠灌	1520.8	0.527
陕西	港口抽黄灌区	渠灌	1452.0	0.560
甘肃	金强河灌区	渠灌、微灌	4274.0	0.553
青海	黄玉灌区	渠灌	42.3	0.503
宁夏	葫芦河灌区	微灌、管灌	1910.2	0.594
新疆	西大龙口灌区	微灌	9237.9	0.627

四 工业节水减排

（一） 工业用水

1. 全国工业用水

2024年，全国工业用水量971.0亿 m^3，较2023年增加0.8亿 m^3；其中火（核）电工业直流式冷却用水量477.5亿 m^3，较2023年减少12.5亿 m^3。

2012年以来，全国工业用水量呈下降趋势。2012—2024年全国工业用水量变化见图4-1。

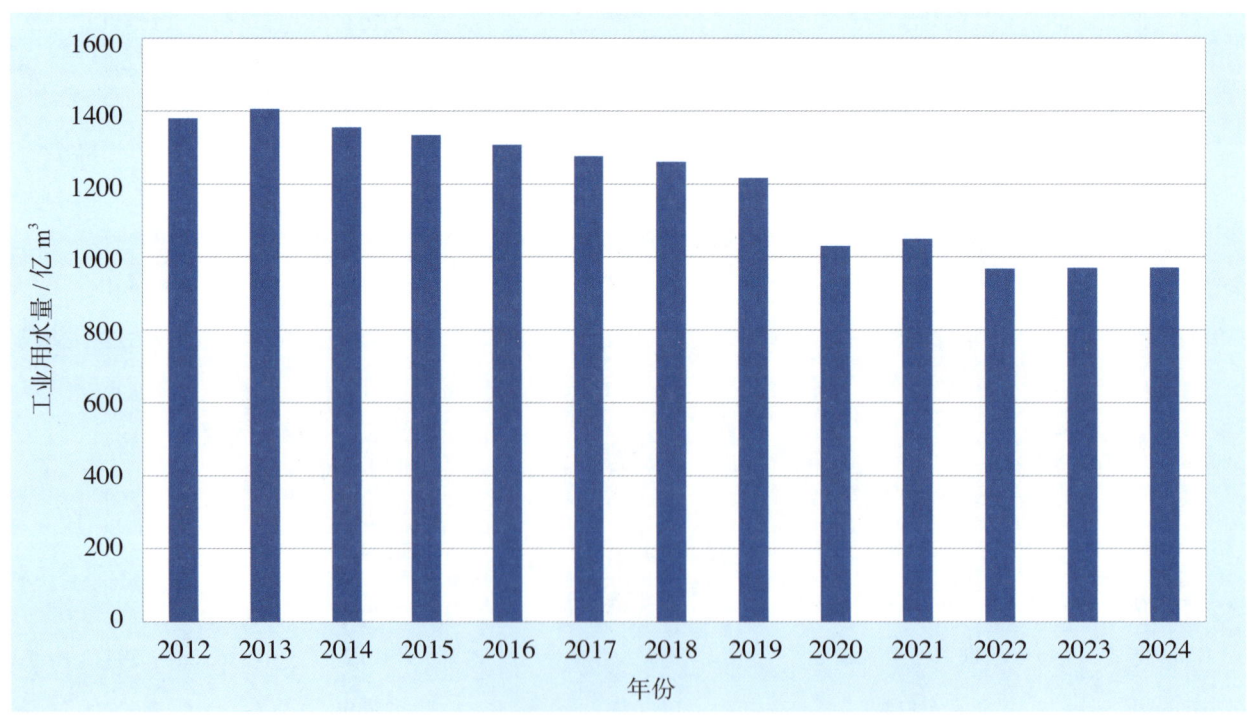

图4-1 2012—2024年全国工业用水量变化图

2. 省级行政区工业用水

2024年，北京、河北、山西、吉林、江苏、江西、河南、湖南、广东、广西、海南、四川、贵州、云南、甘肃、青海16个省级行政区工业用水量较2023年基本持平或有所减少，其余15个省级行政区工业用水量较2023年增加。2024年省级行政区工业用水量见表4-1。

表4-1 2024年省级行政区工业用水量

单位：亿 m³

省级行政区	工业用水量 2024年	工业用水量 与上年比较	其中：火（核）电工业直流式冷却用水量 2024年	其中：火（核）电工业直流式冷却用水量 与上年比较
全 国	**971.0**	**0.8**	**477.5**	**−12.5**
北 京	2.8	0.0	0	0
天 津	4.7	0.1	0	0
河 北	16.2	0.0	0.1	−0.1
山 西	11.3	−0.3	0	0
内蒙古	16.7	1.9	0	0
辽 宁	14.8	0.1	0.0	0.0
吉 林	7.9	−0.7	2.1	−0.1
黑龙江	11.9	0.3	4.4	−0.1
上 海	68.1	2.1	59.6	2.5
江 苏	251.1	−0.8	204.0	−2.2
浙 江	36.9	0.6	0.4	0.0
安 徽	80.0	0.1	52.3	0.5
福 建	29.4	5.5	11.0	1.0
江 西	37.8	−0.1	20.8	1.0
山 东	34.3	0.8	0	0
河 南	20.6	−0.1	0.6	−0.2
湖 北	70.1	0.1	39.5	1.1
湖 南	44.4	−6.7	32.3	−6.5
广 东	73.0	−0.6	26.3	−2.7
广 西	28.7	−6.7	16.1	−7.0
海 南	1.7	0.0	0.0	0.0
重 庆	21.8	0.4	7.8	0.3
四 川	20.7	0.0	0	0
贵 州	10.3	−0.7	0	0
云 南	12.4	−0.7	0.0	0.0
西 藏	1.4	0.2	0	0
陕 西	14.9	4.4	0	0
甘 肃	6.4	0.0	0	0
青 海	3.2	0.0	0	0
宁 夏	5.7	0.8	0	0
新 疆	11.8	0.5	0.2	0.0

（二） 典型工业园区用水

2024 年，部分省级行政区典型工业园区节水指标见表 4-2。

表 4-2 2024 年省级行政区典型工业园区节水指标

省级行政区	工业园区	主要产业类型	用水量/万 m³	计划用水覆盖率/%	工业用水重复利用率/%	非常规水利用量占比/%	供水管网漏损率/%
北京	北京经济技术开发区	信息技术、生物技术、新能源汽车、机器人和智能制造	7434.4	100.0	90.7	25.3	7.4
天津	天津经济技术开发区南港工业区	化工	2769.3	100.0	98.1	24.5	4.7
河北	河北宁晋经济开发区	电器机械和器材制造业、农副食品加工业、化学原料和化学制品制造业	2042.2	100.0	92.2	73.8	—
山西	河津经济技术开发区	煤焦、化工、氧化铝	1528.1	100.0	95.0	12.0	3.0
内蒙古	鄂尔多斯高新技术开发区	生物医药、数字经济、装备制造、轻工纺织	460.5	100.0	95.8	51.0	1.6
上海	上海市莘庄工业区	机械及汽车零部件、重大装备、电子信息、新材料及精细化工、生物医药以及生产性服务业	1181.5	100.0	92.6	12.3	—
江苏	江苏建湖经济开发区	高端装备制造、新能源和电子信息	325.8	100.0	94.5	3.1	6.0
浙江	宁波石化经济技术开发区	石油和化工产业	14056.1	100.0	97.0	18.8	4.2
福建	福建清流经济开发区	化工	137.7	100.0	97.3	12.6	—
江西	九江共青城高新技术产业开发区	纺织服装	210.4	100.0	94.1	7.5	4.5
山东	青岛经济技术开发区	信息技术、智能家电、高端化工	4166.8	100.0	98.5	12.2	6.9
河南	舞钢经济技术开发区	特钢及特种装备制造、纺织服装	1231.0	100.0	97.0	0.0	5.4

续表

省级行政区	工业园区	主要产业类型	用水量/万 m³	计划用水覆盖率/%	工业用水重复利用率/%	非常规水利用量占比/%	供水管网漏损率/%
湖北	荆门化工循环产业园	化工	3150.0	100.0	91.0	—	9.5
湖南	浏阳经济技术开发区	生物、医药、食品、信息技术	8601.0	100.0	90.0	20.0	9.8
广东	湛江经济技术开发区	钢铁	6113.7	100.0	99.2	18.1	2.0
广西	南宁高新技术产业开发区	智能制造、电子信息、生命健康	632.9	100.0	91.2	1.0	2.8
海南	东方市临港产业园区	石化新材料、高端制造业、清洁能源	2394.0	100.0	94.2	—	9.2
重庆	重庆数智产业园	电子信息、智能制造、消费品工业	650.4	100.0	97.5	55.4	3.2
四川	南充经开化工园区	油气化工、化工新材料、精细（医药）化工	636.9	100.0	91.0	14.8	8.7
贵州	瓮安经济开发区化工园区-循环工业园区	磷化工、新能源	473.9	100.0	83.0	4.9	10.2
陕西	韩城经济技术开发区	电力生产、炼钢、煤炭加工、金属制品制造、烟煤和无烟煤开采洗选	4040.9	100.0	96.0	11.5	9.0
甘肃	三川口工业园区	机械加工、建材、节能环保等	294.7	100.0	96.0	17.4	7.8
青海	甘河工业园区	有色金属冶炼及精深加工、化工产业、新材料产业、冶金、建材产业	1872.0	100.0	—	19.0	8.1
宁夏	宁东能源化工基地	化工	24515.0	100.0	98.1	20.3	9.0
新疆	库尔勒上库高新技术产业开发区	化工、化纤纺织、新能源与高效节能、生物工程和新医药技术	1474.2	100.0	—	37.4	9.4
	荆楚工业园	热电联产、电极箔、生猪屠宰	155.3	100.0	—	—	9.0

注　荆楚工业园为新疆生产建设兵团工业园区。

五 城镇节水降损

（一） 城镇生活用水

1. 全国城镇生活用水

2024年，全国生活用水量926.8亿 m^3，较2023年增加17.0亿 m^3。

2012年以来，全国生活用水量呈缓慢增加趋势。2012—2024年全国生活用水量变化见图5-1。

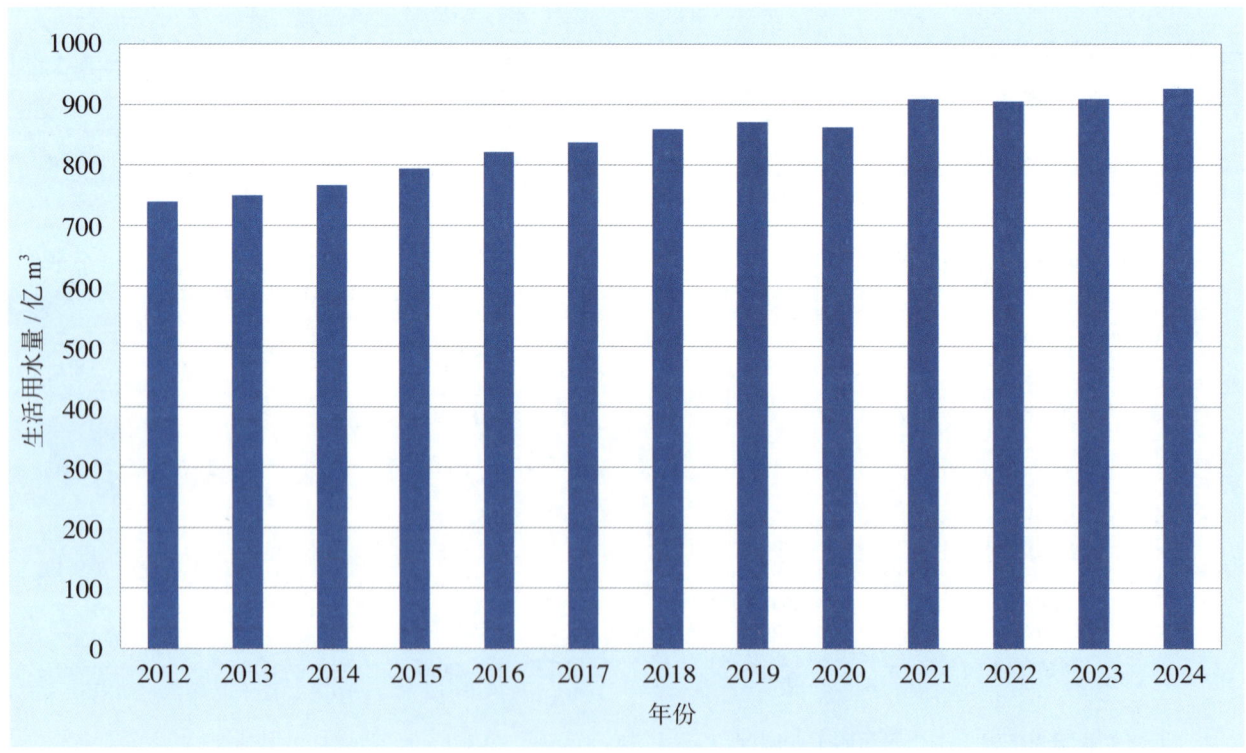

图5-1　2012—2024年全国生活用水量变化图

2. 省级行政区城镇生活用水

2024年，天津、辽宁、吉林、黑龙江、上海、湖北、甘肃7个省级行政区生活用水量较2023年基本持平或有所下降，其余24个省级行政区生活用水量较2023年略有增加。2024年省级行政区生活用水见表5-1。

表5-1 2024年省级行政区生活用水

省级行政区	生活用水量/亿 m³ 2024年	生活用水量/亿 m³ 与上年比较	人均生活用水量/(L/d)	人均居民生活用水量/(L/d)	公共机构人均年用水量/m³
全　国	926.8	17.0	180	127	20.5
北　京	19.3	0.3	242	148	20.6
天　津	7.3	-0.3	146	102	14.8
河　北	29.1	1.1	108	83	17.9
山　西	15.7	0.5	124	91	18.8
内蒙古	11.3	0.1	129	89	13.4
辽　宁	26.4	0.0	174	118	20.0
吉　林	13.0	-0.1	153	108	14.9
黑龙江	14.5	-0.2	131	99	20.0
上　海	23.8	-0.4	263	153	24.4
江　苏	67.3	1.3	216	142	19.0
浙　江	55.5	1.9	229	145	29.2
安　徽	37.2	0.7	166	126	20.6
福　建	31.5	1.4	206	142	18.0
江　西	30.1	0.6	183	134	20.5
山　东	45.0	1.3	122	91	18.7
河　南	42.9	0.8	120	94	17.6
湖　北	52.5	0.0	247	151	23.8
湖　南	46.1	0.6	193	135	33.1
广　东	117.1	1.2	252	170	23.3
广　西	35.8	0.5	196	155	21.2
海　南	10.4	0.7	271	197	23.3
重　庆	22.7	0.4	195	143	21.4
四　川	61.3	1.5	201	150	26.6
贵　州	22.1	1.3	157	121	18.9
云　南	26.8	0.4	157	112	16.8
西　藏	3.2	0.2	239	138	32.3
陕　西	21.2	0.5	147	103	18.4
甘　肃	10.6	-0.1	118	96	14.9
青　海	3.2	0.1	147	96	21.1
宁　夏	3.8	0.1	142	87	16.3
新　疆	20.0	0.6	210	169	19.6

（二） 公共机构用水

1. 全国公共机构用水

2024年，全国公共机构约139.6万家，用水量103.1亿 m^3，人均年用水量 $20.5m^3$。2024年全国公共机构人均年用水量分布见图5-2。

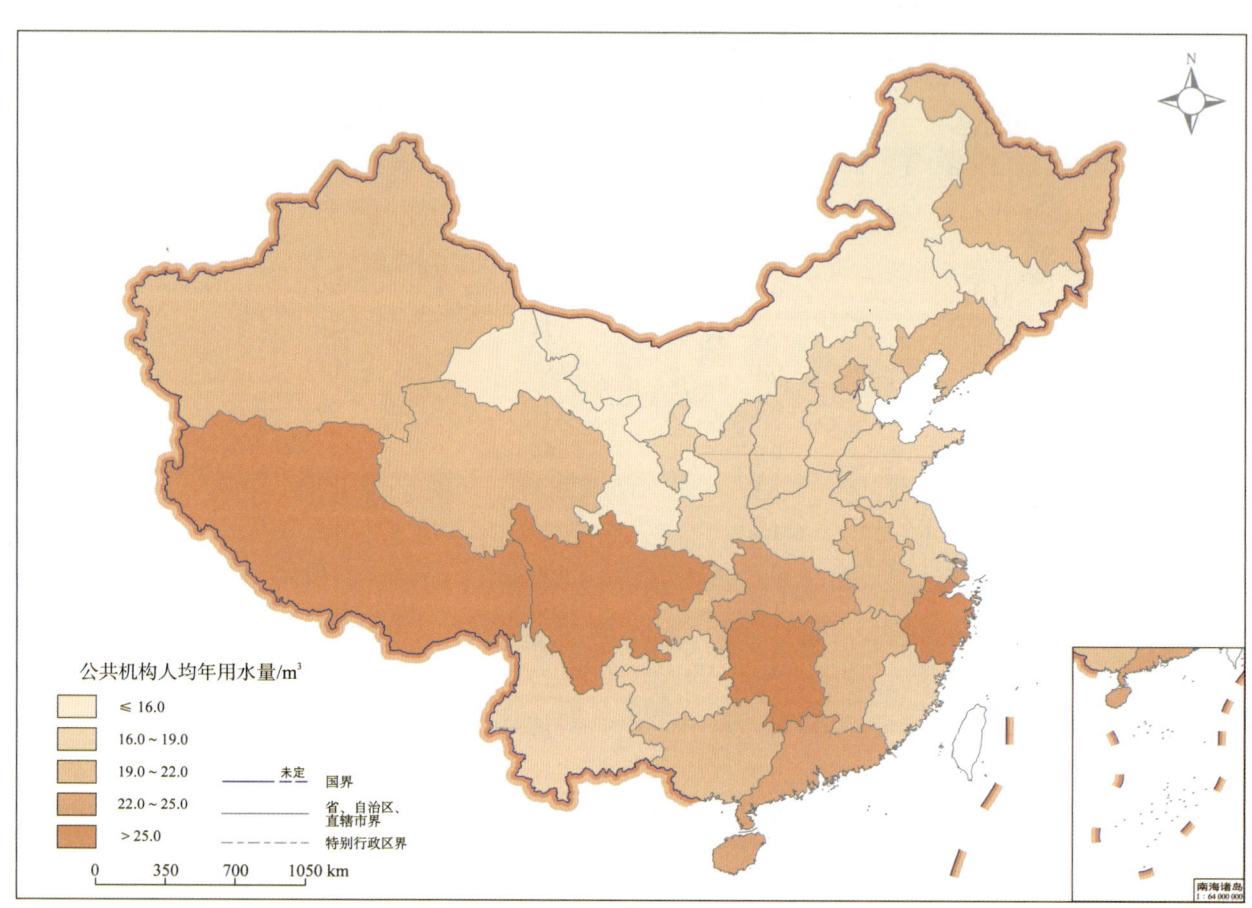

图5-2 2024年全国公共机构人均年用水量分布图

2. 省级行政区公共机构用水

2024年省级行政区公共机构人均年用水量见表5-1。

3. 高校用水

2024年，全国年用水量10万 m^3 及以上的高校3020所，用水量18.0亿 m^3，人均年用水量 $41.4m^3$。2024年全国高校用水见表5-2。

表 5-2 2024 年全国高校用水

省级行政区	高校个数 / 所	高校用水量 / 万 m³		人均年用水量 /m³
		常规水	非常规水	
全　国	3020	177701.8	1905.1	41.4
北　京	93	4948.9	118.5	33.3
天　津	51	3085.5	9.6	37.5
河　北	131	5285.0	23.4	25.5
山　西	76	2978.6	114.5	34.5
内蒙古	39	1756.0	43.4	30.7
辽　宁	101	5136.7	—	35.9
吉　林	64	2932.4	—	30.6
黑龙江	76	3818.7	1.5	35.2
上　海	83	4890.1	15.4	52.1
江　苏	179	11311.4	16.4	43.5
浙　江	197	6676.1	14.6	40.1
安　徽	124	8186.8	18.4	45.3
福　建	92	5765.3	0	54.4
江　西	100	7545.0	132.7	46.5
山　东	189	10425.4	196.1	35.0
河　南	105	8232.5	40.3	38.8
湖　北	126	10389.8	205.1	46.9
湖　南	133	11745.7	25.7	53.1
广　东	214	14344.8	471.5	49.1
广　西	126	7215.2	9.5	47.4
海　南	24	1573.6	0	45.2
重　庆	79	5149.8	10.0	41.0
四　川	176	12489.2	13.4	41.8
贵　州	76	4113.4	36.4	43.5
云　南	87	4788.7	—	44.9
西　藏	13	483.8	0.0	83.6
陕　西	95	4941.3	107.0	34.7
甘　肃	61	2552.9	3.8	34.0
青　海	8	264.2	3.5	28.1
宁　夏	24	929.1	32.4	38.2
新　疆	78	3746.3	242.2	49.0

六 非常规水利用

（一）不同类型非常规水利用

1. 全国不同类型非常规水利用

2024年，全国非常规水利用量251.6亿 m^3。其中，再生水利用量212.2亿 m^3，占非常规水利用量的84.3%；集蓄雨水利用量13.0亿 m^3，占非常规水利用量的5.2%；海水淡化水利用量4.0亿 m^3，占非常规水利用量的1.6%；矿坑（井）水利用量7.0亿 m^3，占非常规水利用量的2.8%；微咸水利用量15.4亿 m^3，占非常规水利用量的6.1%。2024年全国不同类型非常规水利用量占比见图6-1。

与2023年相比，2024年全国非常规水利用量增加39.3亿 m^3。其中，再生水利用量增加34.6亿 m^3，集蓄雨水利用量增加2.2亿 m^3，海水淡化水利用量增加0.2亿 m^3，矿坑（井）水利用量减少0.5亿 m^3，微咸水利用量增加2.8亿 m^3。

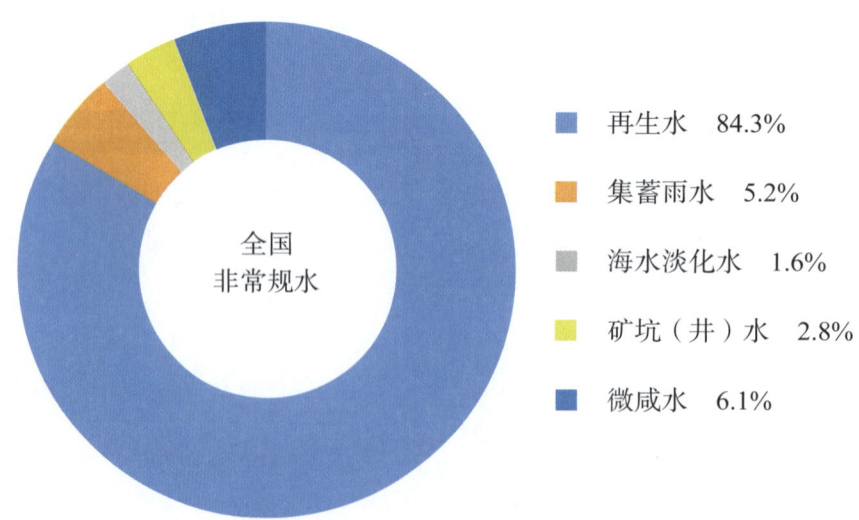

图6-1 2024年全国不同类型非常规水利用量占比图

2012—2024 年，全国非常规水利用量呈逐年增加趋势，累计增加 204.0 亿 m^3。其中，再生水利用量增加 176.4 亿 m^3，集蓄雨水利用量增加 5.3 亿 m^3，海水淡化水利用量增加 2.9 亿 m^3，微咸水利用量增加 12.4 亿 m^3。2012—2024 年全国不同类型非常规水利用量见表 6-1。

表 6-1　2012—2024 年全国不同类型非常规水利用量

单位：亿 m^3

年份	合计	再生水	集蓄雨水	海水淡化水	矿坑（井）水	微咸水
2012	47.6	35.8	7.7	1.1	—	3.0
2013	52.9	36.8	12.3	0.8	—	3.0
2014	60.7	46.5	10.1	0.9	—	3.2
2015	68.7	52.7	11.2	0.7	—	4.1
2016	73.6	59.2	10.3	1.3	—	2.8
2017	83.5	66.1	13.8	1.2	—	2.4
2018	88.7	73.5	11.4	1.5	—	2.3
2019	107.7	87.3	9.6	1.3	6.2	3.3
2020	132.0	109.0	7.9	2.3	8.9	3.9
2021	138.3	117.2	6.9	2.9	8.0	3.3
2022	175.8	150.9	10.5	4.0	7.2	3.2
2023	212.3	177.6	10.8	3.8	7.5	12.6
2024	251.6	212.2	13.0	4.0	7.0	15.4

2. 省级行政区不同类型非常规水利用

2024 年，非常规水利用量在 10 亿 m^3 及以上的省级行政区有北京、河北、江苏、山东、河南、广东、新疆，其中广东非常规水利用量最高，为 26.5 亿 m^3。不同类型非常规水中，广东再生水利用量最高，为 25.0 亿 m^3；四川集蓄雨水利用量最高，为 3.9 亿 m^3；浙江海水淡化水利用量最高，为 1.8 亿 m^3；内蒙古矿坑（井）水利用量最高，为 1.7 亿 m^3；新疆微咸水利用量最高，为 9.7 亿 m^3。2024 年省级行政区不同类型非常规水利用量见表 6-2。

（二）不同领域非常规水利用

1. 全国不同领域非常规水利用

2024 年，全国非常规水用于农业领域 31.6 亿 m^3，工业领域 52.7 亿 m^3，生活领域 4.6 亿 m^3，人工生态环境领域 162.7 亿 m^3，在非常规水利用量中的占比分别为 12.5%、

表 6-2　2024 年省级行政区不同类型非常规水利用量

单位：亿 m³

省级行政区	合计	再生水	集蓄雨水	海水淡化水	矿坑（井）水	微咸水
全　国	251.6	212.2	13.0	4.0	7.0	15.4
北　京	13.2	13.2	0	0	0	0
天　津	6.7	6.3	0	0.4	0	0
河　北	18.7	16.2	0.5	0.7	0.5	0.8
山　西	6.8	6.5	0.1	0	0.2	0
内蒙古	8.9	6.8	0.2	0	1.7	0.2
辽　宁	7.8	7.5	0.0	0.3	0.1	0
吉　林	5.8	5.7	0.1	0	0.0	0
黑龙江	3.1	2.8	0.1	0	0.2	0
上　海	1.4	1.4	0.0	0	0	0
江　苏	16.0	15.1	0.9	0.0	0	0.0
浙　江	6.2	4.2	0.1	1.8	0	0
安　徽	8.6	8.3	0.2	0	0.1	0
福　建	9.5	9.2	0.2	0.0	0	0
江　西	3.7	2.0	1.6	0	0.1	0
山　东	20.5	17.8	0.3	0.5	0.3	1.6
河　南	14.3	13.3	0.1	0	0.9	0
湖　北	7.0	7.0	0.0	0	0.0	0
湖　南	6.6	6.5	0.1	0	0.0	0
广　东	26.5	25.0	1.3	0.2	0.0	0.0
广　西	5.0	4.3	0.6	0	0.2	0
海　南	0.8	0.8	0	0	0	0
重　庆	6.3	6.2	0.2	0	0.0	0
四　川	8.4	4.3	3.9	0	0.1	0
贵　州	1.5	0.6	0.2	0	0.7	0
云　南	3.7	2.7	1.0	0	0.0	0
西　藏	0.3	0.3	0	0	0	0
陕　西	8.4	5.6	0.2	0	1.1	1.4
甘　肃	4.8	3.3	1.3	0	0.3	0.0
青　海	1.3	0.9	0	0	0	0.4
宁　夏	3.8	2.3	0.0	0	0.3	1.2
新　疆	16.0	6.0	0.0	0	0.3	9.7

21.0%、1.8%、64.7%。2024年全国不同领域非常规水利用量占比见图6-2。

与2023年相比，2024年全国非常规水用于农业领域增加5.7亿m^3，工业领域增加6.0亿m^3，生活领域减少3.2亿m^3，人工生态环境领域增加30.8亿m^3。

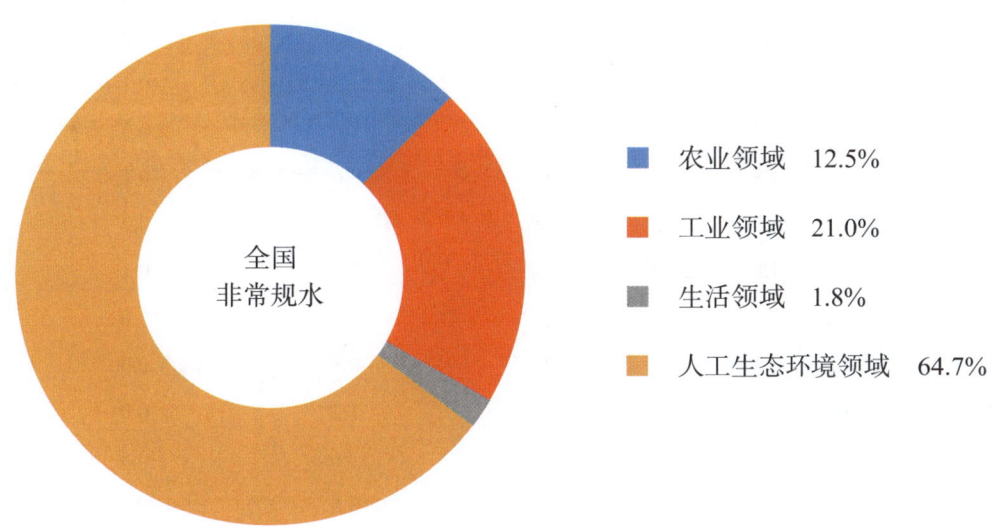

图6-2　2024年全国不同领域非常规水利用量占比图

2. 省级行政区不同领域非常规水利用

2024年，新疆农业领域非常规水利用量最高，为8.5亿m^3；河南工业领域非常规水利用量最高，为5.4亿m^3；河北生活领域非常规水利用量最高，为0.7亿m^3；广东人工生态环境领域非常规水利用量最高，为23.2亿m^3。2024年省级行政区不同领域非常规水利用量见表6-3。

（三）非常规水利用设施

2024年，全国已建再生水厂2431座，再生水取水点8260个。全国蓄水容积500m^3及以上的雨水集蓄利用工程蓄水容积约10.6亿m^3。全国现有海水淡化工程158个，工程规模285.6万t/d，较2023年增加了33.3万t/d。其中，万吨级及以上海水淡化工程61个，工程规模263.9万t/d；千吨级及以上、万吨级以下海水淡化工程48个，工程规模20.2万t/d；千吨级以下海水淡化工程49个，工程规模1.4万t/d。

表 6-3 2024 年省级行政区不同领域非常规水利用量

单位：亿 m^3

省级行政区	合计	农业领域	工业领域	生活领域	人工生态环境领域
全 国	251.6	31.6	52.7	4.6	162.7
北 京	13.2	0	0.9	0.2	12.1
天 津	6.7	0.1	1.3	0.1	5.2
河 北	18.7	2.4	3.6	0.7	12.0
山 西	6.8	1.1	2.0	0.1	3.6
内蒙古	8.9	0.6	5.0	0.1	3.3
辽 宁	7.8	0.1	2.1	0.1	5.5
吉 林	5.8	0	0.4	0	5.4
黑龙江	3.1	0.1	0.8	0.0	2.2
上 海	1.4	0	1.2	0.0	0.2
江 苏	16.0	0.4	2.6	0.5	12.5
浙 江	6.2	0.0	3.6	0.2	2.4
安 徽	8.6	0.7	1.8	0.1	6.1
福 建	9.5	0.1	0.7	0.0	8.7
江 西	3.7	1.2	1.2	0.0	1.3
山 东	20.5	4.2	4.2	0.4	11.7
河 南	14.3	0.2	5.4	0.3	8.5
湖 北	7.0	0.4	0.8	0.1	5.7
湖 南	6.6	0.1	0.1	0.1	6.3
广 东	26.5	1.2	2.0	0.1	23.2
广 西	5.0	0.3	0.5	0.3	4.0
海 南	0.8	0.0	0.0	0.1	0.6
重 庆	6.3	0.1	5.3	0.1	0.9
四 川	8.4	3.7	0.5	0.1	4.0
贵 州	1.5	0.1	0.8	0.1	0.5
云 南	3.7	1.5	0.4	0.3	1.5
西 藏	0.3	0.1	0.1	0.0	0.1
陕 西	8.4	1.8	1.5	0.1	4.9
甘 肃	4.8	0.8	0.8	0.4	2.9
青 海	1.3	0	0.5	0	0.8
宁 夏	3.8	1.6	1.3	0	0.9
新 疆	16.0	8.5	1.5	0.2	5.8

七　重点区域节水

（一）　黄河流域

2024 年，黄河流域九省（自治区）用水总量 1265.7 亿 m³，其中非常规水利用量 77.2 亿 m³（含再生水利用量 60.8 亿 m³）。海水直接利用量 129.5 亿 t。人均综合用水量 302m³，万元国内生产总值（当年价）用水量 37.6m³，万元工业增加值（当年价）用水量 12.5m³，非常规水利用量占比 6.1%。

（二）　京津冀地区

2024 年，京津冀地区用水总量 263.9 亿 m³，其中非常规水利用量 38.7 亿 m³（含再生水利用量 35.7 亿 m³）。海水直接利用量 47.9 亿 t。人均综合用水量 241m³，万元国内生产总值（当年价）用水量 22.9m³，万元工业增加值（当年价）用水量 8.9m³，非常规水利用量占比 14.7%。

（三）　粤港澳大湾区

2024 年，粤港澳大湾区用水总量 228.5 亿 m³，其中非常规水利用量 23.4 亿 m³（含再生水利用量 23.2 亿 m³）。海水直接利用量 254.9 亿 t。人均综合用水量 290m³，万元国内生产总值（当年价）用水量 19.9m³，万元工业增加值（当年价）用水量 15.4m³，非常规水利用量占比 10.2%。

（四）　长三角地区

2024 年，长三角地区用水总量 1133.8 亿 m³，其中非常规水利用量 32.2 亿 m³（含再生水利用量29.0亿m³）。海水直接利用量535.6亿t。人均综合用水量477m³，万元国内生产总值（当年价）用水量34.2m³，万元工业增加值（当年价）用水量41.7m³，非常规水利用量占比2.8%。

（五） 长江经济带

2024年，长江经济带用水总量2590.9亿m³，其中非常规水利用量69.3亿m³（含再生水利用量58.4亿m³）。海水直接利用量535.6亿t。人均综合用水量426m³，万元国内生产总值（当年价）用水量41.1m³，万元工业增加值（当年价）用水量34.6m³，非常规水利用量占比2.7%。

2024年重点区域节水指标见表7-1。

表7-1　2024年重点区域节水指标

重点区域	用水总量/亿m³	非常规水利用量/亿m³	其中：再生水利用量/亿m³	海水直接利用量/亿t	人均综合用水量/m³	万元国内生产总值用水量/m³	万元工业增加值用水量/m³	非常规水利用量占比/%
黄河流域	1265.7	77.2	60.8	129.5	302	37.6	12.5	6.1
京津冀地区	263.9	38.7	35.7	47.9	241	22.9	8.9	14.7
粤港澳大湾区	228.5	23.4	23.2	254.9	290	19.9	15.4	10.2
长三角地区	1133.8	32.2	29.0	535.6	477	34.2	41.7	2.8
长江经济带	2590.9	69.3	58.4	535.6	426	41.1	34.6	2.7

注　粤港澳大湾区"海水直接利用量"按密度为1025kg/m³折算。

八 节水载体建设

（一）水效领跑

1. 用水产品水效领跑者

2024 年，水利部、国家发展改革委遴选公布用水产品水效领跑者共 28 个。其中，坐便器 17 个、智能坐便器 3 个、洗碗机 7 个、淋浴器 1 个。具体名单见表 8-1。

表 8-1　2024 年度用水产品水效领跑者名单

产品类型	序号	企业名称	型号规格
坐便器	1	九牧厨卫股份有限公司	X11472-2-2/41K-1
	2	九牧厨卫股份有限公司	11395-2-1/41KA-1
	3	九牧厨卫股份有限公司	11394-2-1/41KA-1
	4	九牧厨卫股份有限公司	11252-2-2/41KA-1
	5	上海吉博力房屋卫生设备工程技术有限公司	224.212-503.021
	6	惠达卫浴股份有限公司	HDC6358B
	7	惠达卫浴股份有限公司	HDC6362B
	8	箭牌家居集团股份有限公司	AB1183UL
	9	箭牌家居集团股份有限公司	AB1183UM
	10	箭牌家居集团股份有限公司	AG1007L
	11	箭牌家居集团股份有限公司	AG1007M
	12	惠达卫浴股份有限公司	HDC6301B
	13	惠达卫浴股份有限公司	HDC6390B
	14	佛山市高明安华陶瓷洁具有限公司	NL13001AL
	15	佛山市法恩洁具有限公司	FB16191L
	16	佛山市高明安华陶瓷洁具有限公司	NL107UL
	17	佛山市法恩洁具有限公司	FB1655UL

续表

产品类型	序号	企业名称	型号规格
智能坐便器	1	惠达卫浴股份有限公司	HDZ007LTB-MAX
	2	青岛卫玺智能科技有限公司	HR7-D28U1
	3	上海科勒电子科技有限公司	K-28362T-0
洗碗机	1	杭州老板电气股份有限公司	W76-H901
	2	博西华家用电器有限公司	SJ65ZX00MC
	3	博西华家用电器有限公司	SJV6ZMX00C
	4	宁波方太厨具有限公司	JBCD15E-W3
	5	杭州老板电器股份有限公司	W766-S1
	6	青岛海尔洗碗机有限公司	CWC10-B29U1
	7	博西华家用电器有限公司	SJ23HB88MC
淋浴器	1	惠达卫浴股份有限公司	HWB5010-P02CP

2. 用水企业、园区水效领跑者

2024年，工业和信息化部、水利部、国家发展改革委、市场监管总局联合发布重点用水企业、园区水效领跑者82家。其中，用水企业69家，涉及炼焦、钢铁、氧化铝、电解铝、多晶硅、锌冶炼、铅冶炼、水泥、石油炼制、乙烯、现代煤化工、平板玻璃、氮肥、氯碱、纺织染整、造纸、啤酒17个行业；园区13个，涉及原材料工业、装备制造、电子信息、消费品工业、新兴产业等多个领域。具体名单分别见表8-2和表8-3。

表8-2　2024年重点用水企业水效领跑者名单

序号	行业	企业名称
1	炼焦	武安市广普焦化有限公司
2		山西立恒焦化有限公司
3	含焦化、含冷轧	宝钢湛江钢铁有限公司
4		首钢京唐钢铁联合有限责任公司
5		江苏沙岗集团有限公司
6	钢铁	青岛特殊钢铁有限公司
7	含焦化、不含冷轧	河北纵横集团丰南钢铁有限公司
8		江苏利淮钢铁有限公司
9		宝武集团鄂城钢铁有限公司

续表

序号	行业	企业名称
10	不含焦化、含冷轧	河钢乐亭钢铁有限公司
11	钢铁 不含焦化、不含冷轧	天津市新天钢联合特钢有限公司
12		金鼎重工有限公司
13		河北新金钢铁有限公司
14		河北普阳钢铁有限公司
15		天津钢管制造有限公司
16	氧化铝	云南文山铝业有限公司
17	电解铝	云南神火铝业有限公司
18		云南云铝海鑫铝业有限公司
19	多晶硅	新疆新特晶体硅高科技有限公司
20		新疆大全新能源股份有限公司
21	锌冶炼	安徽铜冠有色金属（池州）有限责任公司
22		河南豫光锌业有限公司
23	铅冶炼	河南金利金铅集团有限公司
24		赤峰山金银铅有限公司
25		安徽铜冠有色金属（池州）有限责任公司
26	水泥	台泥（贵港）水泥有限公司
27		葛洲坝宜城水泥有限公司
28		福建塔牌水泥有限公司
29		高安红狮水泥有限公司
30		保山昆钢嘉华水泥建材有限公司
31	石油炼制	恒力石化（大连）炼化有限公司
32		中国石油化工股份有限公司镇海炼化分公司
33		石家庄炼化分公司
34	乙烯	连云港石化有限公司
35		中国石油化工股份有限公司镇海炼化分公司
36		中石化宁波镇海炼化有限公司
37		中韩（武汉）石油化工有限公司
38	现代煤化工	恒力石化（大连）炼化有限公司
39		国能新疆化工有限公司

续表

序号	行业		企业名称
40	平板玻璃		信义玻璃（天津）有限公司
41			东台中玻特种玻璃有限公司
42	氮肥	以煤粉、褐煤为原料	安阳中盈化肥有限公司
43			河北正元氢能科技有限公司
44			兴安盟博源化学有限公司
45		以天然气（焦炉气）	河南省中原大化集团有限责任公司
46	氯碱	烧碱	金桥丰益氯碱（连云港）有限公司
47			滨化集团股份有限公司
48		烧碱＋乙烯法聚氯乙烯	青岛海湾化学股份有限公司
49		烧碱＋电石法聚氯乙烯	陕西北元化工集团股份有限公司
50			云南天冶化工有限公司
51	纺织染整	棉、麻、化纤及混纺机织物	华纺股份有限公司
52		针织物及纱线	福建福田纺织印染科技有限公司
53			浙江彩蝶实业股份有限公司
54			常州旭荣针织印染有限公司
55	造纸	既生产浆又生产纸	海南金海浆纸业有限公司
56			河南江河纸业股份有限公司
57			广西金桂浆纸业有限公司
58		以废纸为原料生产白纸板、箱纸板和瓦楞原纸等产品	德州泰鼎新材料科技有限公司
59			浙江景兴纸业股份有限公司
60			江西理文造纸有限公司
61		以商品浆为原料生产印刷书写纸	亚太森博（广东）纸业有限公司
62			芬欧汇川（中国）有限公司
63			金东纸业（江苏）股份有限公司
64		以商品浆生产生活用纸	山东恒安纸业有限公司
65	啤酒		百威雪津啤酒有限公司
66			嘉士伯（中国）啤酒工贸有限公司
67			百威雪津（吉水）啤酒有限公司
68			青岛啤酒股份有限公司
69			雪花啤酒（广州）有限公司

表 8-3 2024 年园区水效领跑者名单

序号	类别	园区名称
1	原材料工业	贵溪经济开发区
2		河北邢台旭阳经济开发区
3		横峰经济开发区
4	装备制造	赣州经济技术开发区
5		安徽铜陵义安经济开发区
6		江苏建湖经济开发区
7	电子信息	九江共青城高新技术产业开发区
8		龙南经济技术开发区
9	消费品工业	宁乡经济技术开发区
10	新兴产业	宜兴经济技术开发区
11	其他	项城市先进制造业开发区
12		德州市陵城区经济开发区
13		天津南港工业区

3. 公共机构水效领跑者

2024 年，国管局、国家发展改革委、水利部遴选公布公共机构水效领跑者 200 家（2024—2026 年），其中中央国家机关及所属单位 26 家。具体名单见表 8-4。

表 8-4 2024—2026 年度公共机构水效领跑者名单

序号	地区	单位名称	序号	地区	单位名称
1	北京	北京建筑大学（大兴校区）	13	河北	河北省地质矿产勘查开发局
2		北京市发展和改革委员会	14		雄安新区党工委管委会党政办公室
3		北京清华长庚医院	15		唐山市水利局
4		北京市南水北调团城湖管理处	16		邯郸市复兴区机关事务管理局
5		北京市平谷区体育中心	17		石家庄市新华区教育局
6		北京劳动保障职业学院（北校区）	18		秦皇岛市北戴河区机关事务运行中心
7	天津	天津外国语大学附属滨海外国语学校（高中部）	19	山西	山西省水利厅
8		天津市水务局	20		国家税务总局吕梁市税务局
9		天津市职业大学	21		山西省机关事务管理局
10		天津市北辰医院	22		长治市市委市政府集中办公区
11		天津市和平区万全小学	23		山西省人民医院
12		南开大学	24		晋中"三馆"集中办公区

续表

序号	地区	单位名称	序号	地区	单位名称
25	内蒙古	包头市机关事务服务中心	55	浙江	义乌市稠州小学
26		内蒙古财经大学	56		杭州市民中心
27		呼伦贝尔市海拉尔医院	57		淳安市民中心
28		内蒙古自治区水利厅	58		台州职业技术学院
29		呼和浩特市和林格尔县第一中学	59		瑞安市人民医院
30		内蒙古自治区人民检察院	60	安徽	合肥工业大学
31	辽宁	大连市水务事务服务中心	61		六安市水利局
32		沈阳医学院附属医院（第八医院）	62		安徽省住房和城乡建设厅
33		大连甘井子区兰亭小学	63		巢湖市直属机关事务管理中心
34	吉林	国家税务总局延边朝鲜族自治州税务局	64		国家税务总局宿州市税务局
35		延边大学	65		安徽省政务大厦管理中心
36	黑龙江	黑龙江省司法厅	66	福建	福建理工大学
37		东北农业大学	67		福州市机关事务管理局
38		齐齐哈尔市水务局	68		厦门市海沧区机关事务管理局
39		黑龙江省眼科医院	69		黎明职业大学
40		鸡西市密山小学	70		宁德师范学院附属宁德市医院
41		双鸭山市人民医院	71		福州大学
42	上海	上海市宝山区水务局（上海市宝山区海洋局）	72	江西	华东交通大学
43		上海市金山区水务局（上海市金山区海洋局）	73		国家税务总局江西省税务局
44		同济大学（四平路校区）	74		鹰潭市机关事务管理中心
45		上海市第四社会福利院	75		景德镇中国陶瓷博物馆
46		上海市儿童医院	76		上饶市第一中学
47		上海电力大学（临港校区）	77		湖口县机关事务中心
48	江苏	南京市秦淮区人民政府	78	山东	滨州医学院
49		南京高等职业技术学校	79		山东博物馆
50		连云港东方医院	80		东营市机关事务管理局（合署办公区）
51		南通市政务中心	81		烟台市机关事务管理局（合署办公区）
52		江苏大学	82		济南市中心医院
53		东台市第一小学	83		费县机关事务服务中心（合署办公区）
54	浙江	台州市行政中心	84	河南	新乡市新区小学

续表

序号	地区	单位名称	序号	地区	单位名称
85	河南	南阳理工学院	115	海南	三亚市人民检察院
86		郑州市中心医院	116		三亚市妇幼保健院
87		周口市机关事务中心（合署办公区）	117		昌江黎族自治县机关事务服务中心
88		驻马店市机关事务中心（合署办公区）	118		三亚学院
89		国家税务总局洛阳市税务局	119		陵水黎族自治县政务服务中心
90	湖北	水利部长江水利委员会	120	重庆	重庆市彭水第一中学
91		武汉市江夏区机关事务服务中心	121		重庆市石柱中学
92		湖北省洪山礼堂管理中心	122		重庆市武隆区公安局
93		国家税务总局湖北省税务局	123		重庆市璧山区行政中心
94		中国地质大学（武汉）	124		重庆市渝北区人民医院
95		十堰市人民医院	125		重庆水利电力职业技术学院
96	湖南	湘潭市水利局	126	四川	乐山师范学院
97		隆回县人民医院	127		成都市青羊区人民政府
98		郴州市水利局	128		成都市青白江区文化体育中心
99		湖南省广播电视局	129		自贡市第四人民医院
100		湖南科技学院	130		四川省绵阳实验高级中学
101		吉首市乾雅小学	131		成都市郫都区公务服务中心
102	广东	广东轻工职业技术学院	132	贵州	贵州交通职业技术学院
103		深圳市萨米医疗中心（深圳市第四人民医院）	133		黔西市行政办公中心
104		顺德职业技术学院	134		凯里学院
105		深圳市福田区机关事务管理局	135		遵义医科大学
106		国家税务总局云浮市税务局	136		息烽县第一中学
107		深圳市龙华区实验学校教育集团	137		国家税务总局贵州省税务局
108	广西	广西水利电力职业技术学院（里建校区）	138	云南	安宁市第一人民医院
109		广西壮族自治区妇幼保健院（厢竹院区）	139		西南林业大学
110		钦州市行政信息中心	140		丽江市机关事务局
111		广西民族博物馆	141		云南大学
112		贵港市港北区行政中心	142		红河州开远市机关事务局
113		百色市右江区龙景第二小学	143		云南机电职业技术学院
114	海南	海南大学	144	陕西	西北农林科技大学

续表

序号	地区	单位名称	序号	地区	单位名称
145		安康市机关事务服务中心	173	新疆生产建设兵团	新疆生产建设兵团第一师阿拉尔市水利局
146		西安经开第三小学	174		新疆生产建设兵团第五师双河市水利局
147	陕 西	渭南高新区管委会办公室	175		南京理工大学
148		西安建筑科技大学	176		哈尔滨工程大学
149		宝鸡市文化艺术中心	177		公安部第三研究所
150		甘肃民族师范学院	178		中国人民公安大学（团河校区）
151	甘 肃	兰州理工大学	179		交通运输部公路科学研究所公路交通综合试验场
152		甘肃中医药大学（和平校区）	180		中国船级社
153		海南州水利局	181		北京大学第三医院
154		青海建筑职业技术学院	182		西安交通大学第一附属医院
155	青 海	青海交通职业技术学院	183		西安交通大学口腔医院
156		西宁市第二十一中学	184		中国人民银行驻马店市分行
157		西宁市第二人民医院	185		中国人民银行金华市分行
158		西宁市水务局	186	中央国家机关及所属单位	中国人民银行铜陵市分行
159		石嘴山市机关事务服务中心	187		中国人民银行威海市分行
160	宁 夏	贺兰县机关事务管理中心	188		中国人民银行阿坝藏族羌族自治州分行
161		国家税务总局宁夏回族自治区税务局	189		中华人民共和国嘉兴海关
162		吴忠市机关事务服务中心	190		佛山海关驻顺德办事处
163		阿克苏地区综合办公二区	191		中华人民共和国深圳海关
164		国家税务总局昌吉回族自治州税务局	192		中华人民共和国杭州海关
165	新 疆	博尔塔拉职业学院	193		中华人民共和国南昌海关
166		新疆财经大学	194		中华人民共和国江门海关
167		塔城地区水利局	195		国家税务总局上海市税务局
168		乌鲁木齐市达坂城区人民政府	196		国家税务总局四川省税务局
169		新疆生产建设兵团第二师库尔勒医院	197		国家税务总局台州市税务局
170	新疆生产建设兵团	新疆生产建设兵团机关综合办公区	198		国家税务总局许昌市税务局
171		新疆生产建设兵团第十一师第五中学	199		国家税务总局徐州市税务局
172		新疆生产建设兵团第四师可克达拉市水利局	200		中国科学院

（二） 节水载体建设

2024年，各地持续推进工业企业、服务业单位、农业灌区、居民小区等各类节水载体建设，全国新建成节水载体9503个，其中，节水型工业企业1029家，节水型服务业单位6873家，节水型灌区42个，节水型居民小区1559个。截至2024年，全国累计建设节水载体18.50万个，其中，节水型工业企业2.79万家，节水型服务业单位11.90万家，节水型灌区1192个，节水型居民小区3.70万个。

九　水预算管理

（一）　水预算管理

1. 水利部公布的水预算管理试点

2024年，水利部遴选公布10个试点地区，确定在宁夏回族自治区开展省域试点，在河北省唐山市、内蒙古自治区乌海市、浙江省宁波市、山东省德州市、广西壮族自治区柳州市、甘肃省张掖市开展市域试点，在河南省许昌市禹州市、云南省玉溪市澄江市开展县域试点，在广东省广州市流溪河流域开展流域试点，分类探索水预算管理模式路径。

2. 省级水预算管理试点

2024年，河北、山西、辽宁、黑龙江、上海、江西、山东、湖北、湖南、海南、重庆、四川、贵州、云南、陕西、青海16个省级行政区公布了37个水预算管理试点地区，其中市域试点6个、县域试点30个、流域试点1个。2024年省级水预算管理试点名录见表9-1。

（二）　计划用水管理

1. 河道外取水户计划用水管理

2024年，全国纳入计划用水管理的河道外取水户45.0万户，取水许可量5668.4亿m^3，计划用水量4856.2亿m^3，实际用水量3948.7亿m^3。

2024年，天津、河北、内蒙古、上海、江苏、西藏、甘肃、青海、宁夏、新疆10个省级行政区实际用水量占计划用水量的比例高于85%，其中河北、甘肃、青海、宁夏、新疆高于90%，分别为97.3%、98.6%、90.9%、92.6%、96.7%。

表 9-1 2024 年省级水预算管理试点名录

省级行政区	试点名称	水预算管理实施层级和对象
河 北	石家庄市水预算管理试点	市域
	唐山市丰南区水预算管理试点	县域
	唐山市滦州市水预算管理试点	县域
	廊坊市水预算管理试点	市域
	衡水市水预算管理试点	市域
	保定市主城区水预算管理试点	县域
	邯郸市成安县水预算管理试点	县域
	邢台市南和区水预算管理试点	县域
	承德市围场满族蒙古族自治县水预算管理试点	县域
	承德市武烈河流域水预算管理试点	流域
山 西	长治市沁源县水预算管理试点	县域
辽 宁	大连市长海县水预算管理试点	县域
	沈阳市浑南区水预算管理试点	县域
黑龙江	哈尔滨市阿城区水预算管理试点	县域
上 海	奉贤区水预算管理试点	县域
江 西	景德镇市水预算管理试点	市域
	九江市湖口县水预算管理试点	县域
山 东	淄博市水预算管理试点	市域
	枣庄市台儿庄区水预算管理试点	县域
	烟台市蓬莱区水预算管理试点	县域
	泰安市肥城市水预算管理试点	县域
	临沂市兰陵县水预算管理试点	县域
	滨州市阳信县水预算管理试点	县域
湖 北	宜昌市宜都市水预算管理试点	县域
湖 南	长沙市长沙县水预算管理试点	县域
	湘潭市韶山市水预算管理试点	县域
海 南	海口市水预算管理试点	市域
重 庆	荣昌区水预算管理试点	县域
	大足区水预算管理试点	县域
四 川	宜宾市翠屏区水预算管理试点	县域
贵 州	黔南布依族苗族自治州瓮安县水预算管理试点	县域
	遵义市仁怀市水预算管理试点	县域
云 南	楚雄彝族自治州元谋县水预算管理试点	县域
陕 西	西安市高陵区水预算管理试点	县域
青 海	西宁市城西区水预算管理试点	县域
	西宁市湟中区水预算管理试点	县域
	海东市乐都区水预算管理试点	县域

2. 公共供水管网内用水户计划用水管理

2024年，全国公共供水管网内实行计划用水管理的用水户83.1万户（不含居民生活用水），计划用水量400.0亿 m^3，实际用水量297.0亿 m^3。2024年省级行政区公共供水管网内用水户计划用水见表9-2。

表9-2　2024年省级行政区公共供水管网内用水户计划用水

省级行政区	实施计划管理的用水户数量/户	计划用水量/亿 m^3	实际用水量/亿 m^3
全 国	831329	400.0	297.0
北 京	12845	6.9	5.6
天 津	12180	5.3	3.9
河 北	5643	10.5	8.8
山 西	5428	6.4	5.0
内蒙古	5991	8.5	6.0
辽 宁	6528	10.5	7.2
吉 林	7250	1.8	1.0
黑龙江	1462	3.7	2.8
上 海	192825	13.5	10.9
江 苏	36724	32.7	23.2
浙 江	55725	36.9	24.2
安 徽	12567	13.7	11.1
福 建	162954	13.9	9.6
江 西	12023	11.2	8.9
山 东	22902	29.3	22.9
河 南	12872	16.0	10.0
湖 北	27443	24.3	19.6
湖 南	18179	15.1	12.2
广 东	58978	43.9	28.6
广 西	15654	15.4	12.4
海 南	6384	4.3	3.1
重 庆	7842	7.7	5.5
四 川	25338	17.1	13.6
贵 州	13737	6.6	4.4
云 南	14465	8.2	6.1
西 藏	58	0.2	0.1
陕 西	5657	7.1	5.8
甘 肃	22579	5.2	4.1
青 海	2280	2.6	2.1
宁 夏	2265	5.4	4.5
新 疆	44551	16.0	14.0

十　重点监控用水单位用水

（一）　国家级重点监控用水单位用水

2024年，国家级重点监控用水单位共1480个，实际用水量1232.3亿m^3。其中，农业灌区369个，实际用水量721.8亿m^3；工业用水单位819家，实际用水量503.4亿m^3；服务业用水单位292家，实际用水量7.2亿m^3。

（二）　省、市级重点监控用水单位用水

2024年，全国省级重点监控用水单位3219个，实际用水量314.3亿m^3；市级重点监控用水单位12673个，实际用水量414.2亿m^3。2024年省、市级重点监控用水单位用水见表10-1。

表 10-1　2024 年省、市级重点监控用水单位用水

省级行政区	省级重点监控用水单位 数量/个	省级重点监控用水单位 实际用水量/万 m³	市级重点监控用水单位 数量/个	市级重点监控用水单位 实际用水量/万 m³
全　国	3219	3143012.0	12673	4142374.6
北　京	203	6320.0	914	6458.7
天　津	116	7593.9	985	5401.0
河　北	94	50459.5	374	36474.7
山　西	114	57083.6	1263	73775.4
内蒙古	52	33690.7	321	65862.9
辽　宁	22	21152.6	184	76068.5
吉　林	113	143774.4	83	33077.8
黑龙江	32	73818.4	239	233107.4
上　海	174	45771.3	0	0
江　苏	856	940168.6	496	610898.8
浙　江	69	62663.6	782	183768.5
安　徽	65	25008.3	361	111830.2
福　建	67	23289.2	321	139446.4
江　西	51	98468.4	349	275011.9
山　东	50	64360.1	911	233008.8
河　南	83	56275.1	561	177127.3
湖　北	160	196436.4	539	204966.0
湖　南	29	35814.6	480	323239.8
广　东	247	323502.8	882	103868.5
广　西	36	57606.4	399	215533.4
海　南	58	101769.8	22	1621.1
重　庆	32	11154.2	316	33480.4
四　川	55	57020.5	440	99441.7
贵　州	37	21920.9	131	73076.4
云　南	25	13556.3	163	75518.3
西　藏	30	4836.7	53	1426.7
陕　西	46	33975.2	428	143346.9
甘　肃	56	108992.3	298	185851.1
青　海	23	34401.4	34	15798.5
宁　夏	7	2267.4	70	7509.9
新　疆	217	429859.5	274	396377.7

十一　节水产业发展

（一）　节水技术创新

1. 国家级节水科技推广目录发布情况

2024年，《水利部成熟适用水利科技成果推广清单》发布节水领域成熟适用水利科技成果5项。

2. 省级行政区节水科技推广目录发布情况

2024年，辽宁、黑龙江、上海、湖南、广东、青海6个省级行政区发布了节水科技推广目录。具体目录见表11-1。

表11-1　2024年省级行政区节水科技推广目录

省级行政区	目录名称
辽　宁	辽宁省节水产业目录（2024年）
黑龙江	黑龙江省重大工业节水工艺、技术和装备推荐目录（2024）
上　海	上海市节水技术产品推广目录（第二批）
湖　南	2024年度湖南省工业和信息化领域节能节水"新技术、新装备和新产品"推广目录
广　东	2024年度广东省先进节水技术推广目录
青　海	青海省工业领域节水工艺、技术和装备目录（2024年）

3. 省级行政区节水技术创新中心建立情况

2024年，全国各地累计建立节水技术创新中心54个。具体名录见表11-2。

表 11-2　2024 年省级行政区节水技术创新中心建立名录

省级行政区	节水技术创新中心名称
北京	北京市节水技术创新中心
	北京市非常规水资源开发利用节水技术创新中心
	北京市用水智慧管理节水技术创新中心
天津	天津市节水技术创新中心
	天津市合同节水技创中心
河北	河北省农业节水工程技术研究中心
	河北省灌区量水测控系统及仪表技术创新中心
	河北省循环水设备技术创新中心
	河北省焦化水污染控制与资源化技术创新中心
	河北省污水治理与资源化技术创新中心
	河北省水污染控制与水生态修复技术创新中心
	河北省海水淡化技术创新中心
山西	山西省水资源节约与高效利用技术创新中心
	山西省智慧节水技术创新中心
辽宁	辽宁节水技术创新研究中心
黑龙江	黑龙江省节水技术创新中心
	黑龙江省农业节水技术创新中心
江苏	江苏省节水技术创新研究中心
	江苏省未来膜技术创新中心
浙江	浙江大学长三角智慧绿洲创新中心
安徽	安徽省节水技术创新中心
福建	福建省节水技术创新中心（农业节水）
	福建省节水技术创新中心（城镇节水）
	福建省节水技术创新中心（智慧节水）
江西	江西省节水技术创新中心
山东	山东省节水技术创新中心（水发集团有限公司）
	山东省节水技术创新中心（力创科技股份有限公司）
	山东省节水技术创新中心（信发集团有限公司）
	山东省节水技术创新中心（中欧水处理及膜技术创新产业园）
河南	河南省节水灌溉及智慧管理工程技术研究中心
湖北	湖北省节水技术创新中心（湖北水利发展集团有限公司）
	湖北省节水技术创新中心（湖北省水利水电科学研究院）
湖南	湖南省节水技术创新中心
广东	广东省节水技术创新中心
广西	广西壮族自治区节水技术创新中心（广西水利发展集团有限公司）
	广西节水技术创新中心（广西大学）
	广西壮族自治区智慧水务工程研究中心

续表

省级行政区	节水技术创新中心名称
广西	广西工业水污染控制技术创新中心
四川	四川省节水技术与节水管理协同创新中心
四川	四川省工程技术节水创新中心
贵州	贵州节水技术创新中心
贵州	贵州省水利学会节水技术创新中心
云南	云南省节水技术创新中心
陕西	杨凌农业节水技术创新中心
甘肃	甘肃省水资源高效利用工程技术创新中心
甘肃	甘肃农业智慧节水技术创新中心
甘肃	甘肃省智慧农业节水灌溉装备技术创新中心
甘肃	甘肃省膜分离及非常规水处理技术创新中心
青海	青海省节水技术创新中心
宁夏	宁夏回族自治区旱区节水技术创新中心
宁夏	宁夏回族自治区城乡供水节水技术创新中心
新疆	新疆农业节水工程技术研究中心
新疆	新疆未来灌区工程技术研究中心
新疆	新疆咸水资源化利用工程技术研究中心

（二） 水权水市场

2024年，通过国家水权交易平台开展水权交易11312单，交易水量13.7亿m^3，较2023年分别增长96.3%和154.7%。

截至2024年，通过国家水权交易平台累计开展用水权交易22694单，累计交易水量56.6亿m^3，累计交易金额27.7亿元。具体情况见表11-3。

（三） 合同节水管理

1. 合同节水管理开展情况

2024年，全国新增合同节水管理项目687项，投资金额42.5亿元，节水量约3.1亿m^3/a。截至2024年，全国在农业节水增效、工业节水减排、城镇节水降损等领域共实施合同节水管理项目1977项，投资金额超过170亿元，节水量约10.7亿m^3/a。截至2024年省级行政区合同节水管理项目统计见表11-4。

表 11-3 截至 2024 年通过国家水权交易平台开展水权交易统计表

省级行政区	交易单数/单		交易水量/万 m³		交易金额/万元	
	新增	累计	新增	累计	新增	累计
全 国	11312	22694	137298	565920	27133	276978
北 京	0	4	0	15231	0	4478
天 津	7	8	835	2035	376	1096
河 北	1323	1535	4333	8996	983	1413
山 西	275	3162	6449	25238	51	6578
内蒙古	50	170	5777	293626	9166	202156
辽 宁	28	37	350	429	83	154
吉 林	3	7	575	671	58	163
黑龙江	13	16	572	884	26	357
上 海	0	0	0	0	0	0
江 苏	1191	1313	40110	56787	207	883
浙 江	93	95	1220	6520	51	2566
安 徽	233	298	7167	10232	530	774
福 建	76	133	3166	4946	141	227
江 西	80	99	1932	2682	193	274
山 东	2442	6551	21175	422313	8970	17350
河 南	1	7	8375	45743	4606	33345
湖 北	1822	2771	6058	7293	129	263
湖 南	2	166	1178	3833	118	361
广 东	6	6	890	890	2	2
广 西	12	16	3439	5850	38	189
海 南	14	21	1133	1179	42	77
重 庆	63	133	13359	15462	594	884
四 川	970	1124	1592	6774	250	2833
贵 州	9	13	913	1149	28	118
云 南	827	828	1171	1175	160	162
西 藏	2	3	124	305	13	31
陕 西	876	979	646	848	378	402
甘 肃	894	3193	5965	17157	287	1412
青 海	0	0	0	0	0	0
宁 夏	3	11	96	5181	55	4977
新 疆	1	4	100	725	15	150

注 对于跨省级行政区的水权交易，交易数据同时在买卖双方所在省级行政区统计数据中体现，在全国汇总数中不重复统计。

表 11-4 截至 2024 年省级行政区合同节水管理项目统计表

省级行政区	项目数量/项		投资金额/万元		目标节水量/(万 m³/a)	
	新增	累计	新增	累计	新增	累计
全　国	**687**	**1977**	**425476.8**	**1726813.2**	**31069.6**	**106800.6**
北　京	28	43	15213.2	31507.6	899.7	1704.9
天　津	23	31	8319.2	10102.9	707.2	798.3
河　北	28	137	15204.1	203511.6	641.6	7821.7
山　西	16	33	18314.0	51751.8	57.9	531.7
内蒙古	12	39	8503.6	92525.1	605.6	2120.1
辽　宁	21	39	8848.4	24713.3	1306.0	2434.3
吉　林	9	21	226.7	899.4	10.4	36.0
黑龙江	23	51	3658.7	11926.3	264.7	813.6
上　海	27	200	587.7	6927.9	14.6	221.1
江　苏	21	128	3456.7	58388.6	399.1	21200.3
浙　江	27	112	6297.4	17803.7	1152.5	3831.8
安　徽	23	42	104763.6	136221.0	4873.5	5886.4
福　建	31	75	1618.4	7641.9	570.8	1032.4
江　西	52	110	2168.4	11115.2	1232.9	3021.4
山　东	29	97	18317.8	274586.3	1242.9	2823.4
河　南	8	23	2809.2	19337.8	137.5	950.6
湖　北	8	53	1372.0	9989.3	45.5	680.8
湖　南	31	69	3523.1	17765.7	323.5	1205.6
广　东	13	47	6405.7	14123.6	275.9	2146.2
广　西	11	79	1298.4	4012.0	116.3	307.4
海　南	24	42	145.2	1802.1	410.7	613.9
重　庆	28	78	1113.8	6525.6	105.6	442.5
四　川	40	102	9333.5	27275.5	756.6	2774.7
贵　州	22	53	4100.4	15687.5	157.5	570.6
云　南	45	80	123239.5	228732.1	11378.8	18062.6
西　藏	2	3	163.8	233.6	30.0	33.2
陕　西	18	49	3354.5	15672.5	109.2	320.8
甘　肃	25	53	14786.0	177193.7	761.4	9304.0
青　海	26	36	34237.9	36753.9	1930.5	1951.0
宁　夏	0	14	0	143168.1	0	10047.5
新　疆	16	38	4095.9	68917.6	551.2	3111.8

2. 合同节水管理典型案例

2024年，水利部发布合同节水管理典型案例39个。其中，公共机构领域24个、工业领域7个、农业领域3个、供水管网漏损控制领域4个、水环境治理领域1个。具体名录见表11-5。

表11-5 2024年合同节水管理典型案例名录

序号	领域	项目
1	公共机构领域	中国人民公安大学合同节水管理项目
2		天津工业大学合同节水管理项目
3		华北电力大学（保定校区）合同节水管理项目
4		沈阳工业大学合同节水管理项目
5		常州工程职业技术学院合同节水管理项目
6		钟山职业技术学院合同节水管理项目
7		台州职业技术学院合同节水管理项目
8		瑞安市人民医院合同节水管理项目
9		合肥工业大学合同节水管理项目
10		福建理工大学合同节水管理项目
11		江西科技师范大学合同节水管理项目
12		华东交通大学合同节水管理项目
13		临沂大学合同节水管理项目
14		武汉职业技术学院合同节水管理项目
15		武汉纺织大学合同节水管理项目
16		长沙理工大学合同节水管理项目
17		广东岭南职业技术学院合同节水管理项目
18		顺德职业技术学院合同节水管理项目
19		广西工业职业技术学院合同节水管理项目
20		重庆市彭水一中合同节水管理项目
21		雅安职业技术学院合同节水管理项目
22		西南石油大学合同节水管理项目
23		凯里学院合同节水管理项目
24		遵义医科大学合同节水管理项目
25	工业领域	河北纵横集团丰南钢铁公司合同节水管理项目
26		河北宏启胜公司合同节水管理项目
27		内蒙古东景生物公司合同节水管理项目
28		辽宁北方华锦公司合同节水管理项目
29		上海华谊能源化工有限公司合同节水管理项目
30		金寨嘉盛纺织工业园合同节水管理项目
31		贵州平坝酒厂合同节水管理项目
32	农业领域	河北省丰南区农田全流程托管合同节水管理项目
33		山东省宁津县农田全流程托管合同节水管理项目
34		宁夏利通区现代化灌区建设合同节水管理项目
35	供水管网漏损控制领域	邢台市威县城乡供水公司合同节水管理项目
36		浙江省象山县水务集团合同节水管理项目
37		山东省孤岛采油厂管网漏损治理合同节水管理项目
38		广州市自来水公司合同节水管理项目
39	水环境治理领域	山东省寿光市西城污水处理厂合同节水管理项目

（四） 水效标识

截至 2024 年，国家共发布实行水效标识的产品目录四批，包括坐便器、智能坐便器、洗碗机、淋浴器、净水机、水嘴 6 类产品，并同步印发了 6 类产品的水效标识实施规则。截至 2024 年实行水效标识的产品目录发布情况见表 11-6。

表 11-6 截至 2024 年实行水效标识的产品目录发布情况

批次	产品名称	适用范围	依据的水效标准	实施时间
第一批	坐便器	适用于安装在建筑设施内冷水管路上、供水压力不大于 0.6MPa 条件下使用的坐便器（包括智能坐便器）	GB 25502《坐便器水效限定值及水效等级》	2018 年 8 月 1 日
第二批	坐便器	适用于安装在建筑设施内冷水管路上、供水压力不大于 0.6MPa 条件下使用的坐便器（不包括智能坐便器）	GB 25502《坐便器水效限定值及水效等级》	2021 年 1 月 1 日
第二批	智能坐便器	适用于安装在建筑设施内冷水管路上，供水压力（0.1～0.6）MPa 条件下使用的智能坐便器	GB 38448《智能坐便器能效水效限定值及等级》	2021 年 1 月 1 日
第二批	洗碗机	适用于使用热水和/或冷水的家用和类似用途电动洗碗机。不适用于商用或类似用途洗碗机	GB 38383《洗碗机能效水效限定值及等级》	2021 年 4 月 1 日
第三批	淋浴器	适用于安装在建筑物内的冷、热水供水管路末端，公称压力（静压）不大于 1.0MPa，介质温度为 4℃～90℃ 条件下的盥洗室（洗手间、浴室）、淋浴房等卫生设施上使用的淋浴器（含花洒或花洒组合）。不适用于自带加热装置的淋浴器和恒温淋浴器	GB 28378—2019《淋浴器水效限定值及水效等级》	2022 年 7 月 1 日
第三批	净水机	适用于以市政自来水或其他集中式供水为原水，以反渗透膜或纳滤膜作为主要净化元件，供家庭或类似场所使用的小型净水机。不适用于长度或宽度或高度≥2000mm、重量≥100kg 且净水流量≥3L/min 的大型净水机	GB 34914—2021《净水机水效限定值及水效等级》	2022 年 7 月 1 日
第四批	水嘴	适用于安装在冷、热水供水管路末端，公称压力（静压）不大于 1.0MPa，介质温度为 4℃～90℃ 条件下的洗面器水嘴、厨房水嘴、妇洗器水嘴和普通洗涤水嘴	GB 25501《水嘴水效限定值及水效等级》	2025 年 1 月 1 日

（五） 节水投融资

2024 年，北京、天津、山西、内蒙古、辽宁、吉林、上海、江苏、浙江、安徽、福建、江西、山东、河南、湖北、湖南、广东、广西、四川、贵州、云南、陕西、甘肃、宁夏、新疆 25 个省级行政区开展"节水贷"金融服务，发放贷款 1121.3 亿元。其中，发放贷款金额超 10 亿元的省级行政区有天津、吉林、江苏、浙江、江西、山东、河南、湖南、广东、四川、新疆。

截至 2024 年，全国"节水贷"余额 2980.5 亿元。其中，余额超 100 亿元的省级行政区有天津、江苏、浙江、湖南、四川、新疆。

（六） 节水认证

1. 全国节水认证开展情况

截至 2024 年，全国获得节水产品认证证书的企业 1173 家，有效证书 5141 张；2024 年新增企业 479 家，发放节水产品认证证书 1233 张。

截至 2024 年，全国获得节水服务认证证书的企业 68 家，有效证书 68 张。

2. 省级行政区节水认证开展情况

2024 年，新增节水产品认证证书达到 100 张及以上的省级行政区有浙江、福建、山东、广东、新疆，分别为 116 张、102 张、100 张、224 张、153 张；新增获得节水产品认证证书的企业达到 40 家及以上的省级行政区有浙江、山东、广东、新疆，分别为 46 家、40 家、61 家、84 家。

截至 2024 年，节水产品认证有效证书达到 300 张及以上的省级行政区有河北、浙江、福建、山东、广东、新疆，分别为 502 张、411 张、628 张、385 张、927 张、538 张；获得节水产品认证证书的企业达到 100 家及以上的省级行政区有浙江、山东、广东、新疆，分别为 125 家、110 家、128 家、170 家。

截至 2024 年，节水服务认证有效证书达到 10 张及以上的省级行政区有上海、江苏、浙江，分别为 14 张、12 张、16 张；获得节水服务认证证书的企业达到 10 家及以上的省级行政区有上海、江苏、浙江，分别为 14 家、12 家、16 家。

十二　节水宣传教育

2024年，首届"节水中国行"主题宣传活动在陕西西安举办，北京、安徽合肥、广东佛山、江苏南京、山西大同、河南郑州和湖南怀化7个分会场参与连线互动。开展"千城地标亮节水"联合行动，全国1208个市（县、区）1.1万个城市地标同一时间展播节水宣传标语和视频。2024中国节水十大经典案例发布，具体见表12-1。

表12-1　2024中国节水十大经典案例

序号	案例名称
1	北京：推进智慧水务建设 提升节水智慧化水平
2	河北：拓展市场新模式 推动合同节水管理创新发展
3	山西美锦华盛：熄焦不用水 中水循环用
4	内蒙古乌海市：加强多水源统一配置 实施水预算管理
5	黑龙江双鸭山市：打造矿井水减排行动的示范样板
6	浙江宁波市：全链条治理供水管网漏损
7	安徽淮北市：深化再生水利用配置改革 再造"第二水源"
8	云南元谋县：推进农业水价综合改革 打造现代化高效节水灌区
9	宁夏宁东能源化工基地：园区零排放 节水可交易
10	海委：节水宣传与大运河保护互融互促

中央主流媒体加强宣传力度，全年累计发布节水相关报道7000余篇次，《中国水利报》推出节水专刊44期，刊发节水相关报道337篇。各地开展节水宣传"五进"（进机关、进校园、进企业、进社区、进农村）活动超过2万次。具体情况见表12-2。

表 12-2 2024 年节水宣传活动开展情况统计表

省级行政区	节水宣传"五进"活动数量/次	"千城地标亮节水"地标数量/个
全　国	23071	11814
北　京	380	33
天　津	106	3
河　北	7259	206
山　西	804	79
内蒙古	143	65
辽　宁	452	8790
吉　林	276	10
黑龙江	232	132
上　海	342	26
江　苏	2480	456
浙　江	813	62
安　徽	574	16
福　建	179	65
江　西	1526	116
山　东	260	340
河　南	721	632
湖　北	131	36
湖　南	304	12
广　东	2769	207
广　西	361	29
海　南	57	6
重　庆	300	43
四　川	841	149
贵　州	840	136
云　南	121	9
西　藏	115	10
陕　西	5	18
甘　肃	294	57
青　海	11	32
宁　夏	60	2
新　疆	315	37

十三　节水法规政策标准

（一）　节水法规政策

1. 法律法规

2024年3月9日，国务院总理李强签署国务院令，公布《节约用水条例》，自2024年5月1日起施行，为新时代节水工作提供了坚实法治保障。

2. 重要文件

2024年，水利部、国家发展改革委等节约用水工作部际协调机制成员单位发布24项节水重要政策文件，涉及节水宣传、非常规水利用、节水产业发展、水效领跑、水预算管理、用水定额管理、合同节水管理、节水科技创新、水资源税改革等。具体发布情况见表13-1。

表13-1　2024年节水重要政策文件发布清单

序号	节水法规政策名称	发布单位	发布时间	文号
1	《关于印发〈"节水中国行"主题宣传活动方案〉的通知》	水利部办公厅	2024年1月12日	办节约〔2024〕13号
2	《关于公布第二批区域再生水循环利用试点城市名单的通知》	生态环境部办公厅、国家发展改革委办公厅、住房城乡建设部办公厅、水利部办公厅	2024年2月11日	环办水体函〔2024〕69号
3	《关于加强矿井水保护和利用的指导意见》	国家发展改革委、水利部、自然资源部、生态环境部、应急管理部、市场监管总局、国家能源局、国家矿山安监局	2024年2月23日	发改环资〔2024〕226号
4	《关于印发〈推进重点城市再生水利用三年行动实施方案〉的通知》	国家发展改革委办公厅、住房城乡建设部办公厅、水利部办公厅	2024年3月11日	发改办环资〔2024〕194号
5	《关于公布中国"节水大使"名单的公告》	水利部、全国人大环境与资源保护委员会、全国政协人口资源环境委员会、教育部	2024年4月10日	水利部公告2024年4号

续表

序号	节水法规政策名称	发布单位	发布时间	文号
6	《关于金融支持节水产业高质量发展的指导意见》	水利部、中国银行	2024年4月24日	水节约〔2024〕115号
7	《关于宣传贯彻实施〈节约用水条例〉的通知》	水利部	2024年5月9日	水节约〔2024〕128号
8	《关于发布公共机构水效领跑者（2024—2026年）名单的通知》	国管局、国家发展改革委、水利部	2024年5月12日	国管节能〔2024〕93号
9	《关于印发〈水预算管理试点方案〉的通知》	水利部	2024年5月13日	水节约〔2024〕132号
10	《关于开展高速公路服务区"节水驿站"建设试点工作的通知》	交通运输部办公厅、水利部办公厅	2024年6月13日	交办公路函〔2024〕1168号
11	《关于开展公共机构节水器具普及更新工作的通知》	水利部办公厅、国管局办公室	2024年6月18日	办节约〔2024〕196号
12	《关于加快发展节水产业的指导意见》	国家发展改革委、水利部、工业和信息化部、住房城乡建设部、农业农村部	2024年6月25日	发改环资〔2024〕898号
13	《关于节能节水、环境保护、安全生产专用设备数字化智能化改造企业所得税政策的公告》	财政部、税务总局	2024年7月12日	财政部公告2024年第9号
14	《关于印发再生水利用重点城市名单的通知》	国家发展改革委办公厅、住房城乡建设部办公厅、水利部办公厅	2024年7月12日	发改办环资〔2024〕601号
15	《关于公布水预算管理试点地区的通知》	水利部办公厅	2024年7月25日	办节约〔2024〕219号
16	《关于在黄河流域实行强制性用水定额管理的意见》	水利部、市场监管总局	2024年8月7日	水节约〔2024〕208号
17	《关于发布合同节水管理典型案例的通知》	水利部办公厅	2024年8月27日	办节约〔2024〕234号
18	《关于鼓励建设节水技术创新中心的通知》	水利部办公厅	2024年9月2日	办节约〔2024〕236号
19	《关于公布2024年度用水产品水效领跑者名单的通知》	水利部办公厅、国家发展改革委办公厅	2024年10月8日	办节约〔2024〕249号
20	《关于印发〈水资源税改革试点实施办法〉的通知》	财政部、税务总局、水利部	2024年10月11日	财税〔2024〕28号
21	《关于加强重点行业用水定额管理的通知》	水利部	2024年11月2日	水节约〔2024〕286号
22	《关于水资源税有关征管问题的公告》	税务总局、财政部、水利部	2024年12月10日	税务总局公告2024年第12号
23	《关于印发〈公共机构节约用水管理办法〉的通知》	国管局、水利部	2024年12月19日	国管节能〔2024〕274号
24	《2024年重点用水企业、园区水效领跑者名单》	工业和信息化部、水利部、国家发展改革委、市场监管总局	2024年12月20日	工业和信息化部公告2024年第44号

（二） 节水标准定额

1. 国家标准定额

2024年，市场监管总局、国家标准委发布国家节水标准定额11项，其中节水标准7项，用水定额4项。具体发布情况见表13-2。

表13-2　2024年国家节水标准定额发布清单

标准名称	标准号	状态	提出单位
《坐便器水效限定值及水效等级》	GB 25502—2024	修订	国家标准委
《工业用水定额 第13部分：乙烯和丙烯》	GB/T 18916.13—2024	修订	水利部
《工业用水定额 第15部分：白酒》	GB/T 18916.15—2024	修订	水利部
《工业用水定额 第65部分：饮料》	GB/T 18916.65—2024	制定	水利部
《工业用水定额 第66部分：石材》	GB/T 18916.66—2024	制定	水利部
《工业园区水回用指南》	GB/T 43742—2024	制定	全国节水标委会
《工业回用水处理设施运行管理导则》	GB/T 43743—2024	制定	全国节水标委会
《工业浓盐水回用技术导则》	GB/T 43950—2024	制定	全国节水标委会
《节水型企业 建材行业》	GB/T 44566—2024	制定	工业和信息化部
《冷却塔节水管理规范》	GB/T 44855—2024	制定	全国节水标委会
《城镇供水单位节水管理规范》	GB/T 44918—2024	制定	全国节水标委会

2024年，市场监管总局发布节水国家计量技术规范JJF 2182—2024《农灌机井取水量计量监测方法》。

2. 水利行业标准

2024年，水利部发布节水领域水利行业标准2项。具体发布情况见表13-3。

表13-3　2024年节水领域水利行业标准发布清单

标准名称	标准号	状态	发布单位
《水利建设项目节水评价编制规程》	SL/T 834—2024	制定	水利部
《节水评价技术导则》	SL/T 835—2024	制定	水利部

3. 地方标准定额

2024年，河北、山西、内蒙古、辽宁、江苏、安徽、河南、湖南、广东、新疆10个省级行政区制定修订地方节水标准35项。具体发布情况见表13-4。

表 13-4　2024 年省级行政区节水标准发布清单

省级行政区	标准名称	标准号	状态	发布单位
河北	《节水型单位评价导则 第 6 部分：商场》	DB13/T 5652.6—2024	制定	河北省市场监督管理局
	《节水型企业评价导则 第 1 部分：造纸行业》	DB13/T 6021.1—2024	制定	
	《节水型企业评价导则 第 2 部分：纺织行业》	DB13/T 6021.2—2024	制定	
	《节水型企业评价导则 第 3 部分：石油化工业》	DB13/T 6021.3—2024	制定	
	《节水型企业评价导则 第 4 部分：医药行业》	DB13/T 6021.4—2024	制定	
	《节水型企业评价导则 第 5 部分：建材行业》	DB13/T 6021.5—2024	制定	
山西	《盐碱地玉米垄植膜下滴灌栽培技术规程》	DB14/T 811—2024	修订	山西省市场监督管理局
	《旱地冬小麦蓄水保墒耕作栽培技术规程》	DB14/T 902—2024	修订	
	《小麦-玉米微喷水肥一体化技术规程》	DB14/T 1388—2024	修订	
	《核桃水肥一体化滴灌技术规程》	DB14/T 1420—2024	修订	
	《大中型灌区标准化管理规程》	DB14/T 3142—2024	制定	
内蒙古	《黄河灌区湖泊滴灌用水补水技术规程》	DB15/T 3575—2024	制定	内蒙古自治区市场监督管理局
	《黄河灌区盐碱地向日葵水肥一体化节水减肥技术规程》	DB15/T 3577—2024	制定	
	《黄河灌区高标准农田建设规范》	DB15/T 3589—2024	制定	
	《干旱半干旱区苜蓿和披碱草混播节水丰产栽培技术规程》	DB15/T 3777—2024	制定	
辽宁	《建筑中水回用技术规程》	DB21/T 1914—2024	修订	辽宁省住房和城乡建设厅 辽宁省市场监督管理局
江苏	《毯苗机插水稻智能化微喷灌集中育秧技术规程》	DB32/T 4673—2024	制定	江苏省市场监督管理局

续表

省级行政区	标准名称	标准号	状态	发布单位
江苏	《绿色建筑工程施工质量验收标准》	DB32/T 4791—2024	制定	江苏省市场监督管理局
	《现代灌区管理规范》	DB32/T 4954—2024	制定	
	《工业园区节水管理技术规范》	DB32/T 4956—2024	制定	
	《微喷灌培育机插稻长秧龄壮秧技术规程》	DB32/T 4963—2024	制定	
安徽	《节水型工业园区评价标准》	DB34/T 4699—2024	制定	安徽省市场监督管理局
河南	《用水单位节水评价规范 公共机构》	DB41/T 2676—2024	制定	河南省市场监督管理局
	《用水单位节水评价规范 工业企业》	DB41/T 2677—2024	制定	
湖南	《工业循环水系统评价技术规范》	DB43/T 2936—2024	制定	湖南省市场监督管理局
	《稻田养虾尾水循环利用技术规程》	DB43/T 2984—2024	制定	
	《城市水利规划编制规程》	DB43/T 3064—2024	制定	
广东	《节水载体评价规范 第1部分：公共机构》	DB44/T 2514.1—2024	制定	广东省市场监督管理局
	《节水载体评价规范 第2部分：居民小区》	DB44/T 2514.2—2024	制定	
	《节水载体评价规范 第3部分：酒店（宾馆）》	DB44/T 2514.3—2024	制定	
	《节水载体评价规范 第4部分：灌区》	DB44/T 2514.4—2024	制定	
新疆	《地表水自压滴灌工程设计规范》	DB65/T 4747—2024	制定	新疆维吾尔自治区市场监督局
	《机采棉田滴水出苗技术规程（兵团）》	DB65/T 4794—2024	制定	
	《农田微灌远程测控系统工程建设规范》	DB65/T 4804—2024	制定	
	《苜蓿规模化生产喷灌智能决策及水肥一体化高产栽培技术规程》	DB65/T 4859—2024	制定	

2024年，河北、辽宁、黑龙江、上海、江西、山东、广西、重庆、青海、新疆10个省级行政区制定修订了省级用水定额。具体发布情况见表13-5。

表13-5 2024年省级行政区用水定额发布清单

省级行政区	定额名称	文号/标准号	状态	发布单位
河北	《建筑陶瓷等十一项产品用水定额》	冀水节〔2024〕36号	修订	河北省水利厅
河北	《冬小麦等二十一项产品用水定额》	冀水节〔2024〕38号	修订	河北省水利厅
河北	《工业取水定额 第15部分：农药行业》	DB13/T 5448.15—2024	制定	河北省市场监督管理局 河北省水利厅
河北	《生活与服务业用水定额 第4部分：数据中心》	DB13/T 5450.4—2024	制定	河北省市场监督管理局 河北省水利厅
辽宁	《行业用水定额》第1号修改单	2024年第44号	修订	辽宁省市场监督管理局
黑龙江	《鳞片石墨采、选用水定额》	DB23/T 3913—2024	制定	黑龙江省市场监督管理局
上海	《用水定额 第2部分：工业》	DB31/T 1438.2—2024	修订	上海市市场监督管理局
上海	《用水定额 第3部分：居民生活》	DB31/T 1438.3—2024	修订	上海市市场监督管理局
江西	《生活及服务业用水定额 第2部分：服务业、居民生活和建筑业》	赣府发〔2024〕17号	修订	江西省人民政府
江西	《农业用水定额》	DB36/T 619—2024	修订	江西省市场监督管理局 江西省水利厅
山东	《重点工业产品用水定额 第3部分：非金属矿物制品业重点工业产品》	DB37/T 1639.3—2024	修订	山东省市场监督管理局 山东省水利厅
山东	《重点工业产品用水定额 第4部分：化学原料和化学制品制造业重点工业产品》	DB37/T 1639.4—2024	修订	山东省市场监督管理局 山东省水利厅
山东	《重点工业产品用水定额 第5部分：石油、煤炭及其他燃料加工业重点工业产品》	DB37/T 1639.5—2024	修订	山东省市场监督管理局 山东省水利厅
山东	《重点工业产品用水定额 第6部分：医药制造业重点工业产品》	DB37/T 1639.6—2024	修订	山东省市场监督管理局 山东省水利厅
山东	《服务业用水定额 第1部分：批发零售、运输仓储、餐饮、居民服务、洗车及体育》	DB37/T 4601.1—2024	修订	山东省市场监督管理局 山东省水利厅
广西	《农林牧渔业及农村居民生活用水定额》	桂水节约〔2024〕11号	修订	广西壮族自治区水利厅
重庆	《第一产业用水定额（2023年修订版）》	渝农发〔2024〕141号	修订	重庆市水利局 重庆市农业农村委员会
青海	《用水定额》青海省地方标准 第1号修改单	2024年第10号（总第457号）	修订	青海省市场监督管理局
新疆	《新疆维吾尔自治区〈工业用水定额〉〈服务业用水定额〉第一批修订成果》	新水厅〔2024〕199号	修订	新疆维吾尔自治区水利厅

编写说明

为深入贯彻习近平总书记"节水优先、空间均衡、系统治理、两手发力"治水思路和关于治水重要论述精神，落实水资源刚性约束制度和《节约用水条例》，纵深推进国家节水行动，及时掌握和发布我国节水工作进展情况，水利部会同节约用水工作部际协调机制成员单位组织编制了《中国节约用水报告》。《中国节约用水报告》旨在综合反映全国年度节约用水情况以及不同行业领域、重点区域用水情况和节水水平。现对《中国节约用水报告2024》（以下简称《报告》）做以下说明。

一、范围及分区

1.《报告》中涉及的全国性数据均未包括香港特别行政区、澳门特别行政区和台湾省的相关数据。

2.《报告》中的分区包括10个水资源一级区和31个省级行政区。10个水资源一级区分为北方6区和南方4区，北方6区指松花江区、辽河区、海河区、黄河区、淮河区、西北诸河区，南方4区指长江区（含太湖流域）、东南诸河区、珠江区、西南诸河区。31个省级行政区分为北方地区和南方地区，北方地区指北京、天津、河北、山西、内蒙古、辽宁、吉林、黑龙江、山东、河南、陕西、甘肃、宁夏、新疆（含新疆生产建设兵团），南方地区指上海、江苏、浙江、安徽、福建、江西、湖北、湖南、广东、广西、海南、重庆、四川、贵州、云南、西藏、青海。

3.《报告》第七章重点区域包括黄河流域、京津冀地区、粤港澳大湾区、长三角地区、长江经济带。其中，粤港澳大湾区以地级行政区为单元，包括广州、深圳、珠海、佛山、惠州、东莞、中山、江门、肇庆9个地级行政区；其他重点区域均以省级行政区为单元：黄河流域包括青海、四川、甘肃、宁夏、内蒙古、陕西、山西、河南、山东9个省级行政区；京津冀地区包括北京、天津、河北3个省级行政区；长三角地区包括上海、江苏、浙江、安徽4个省级行政区；长江经济带包括上海、江苏、浙江、安徽、江西、湖北、湖南、重庆、四川、贵州、云南11个省级行政区。

二、术语定义

1. 用水总量：各类河道外用水户取用的包括输水损失在内的毛水量之和，按照农业用水、工业用水、生活用水和人工生态环境补水四大类用户统计，不包括海水直接利用量以及水力发电、航运等河道内用水量。农业用水包括耕地和林地、园地、牧草地灌溉用水，鱼塘补水及畜禽用水；工业用水指工矿企业用于生产活动的水量，包括主要生产用水、辅助生产用水（如机修、运输、空压站等）和附属生产用水（如绿化、办公室、浴室、食堂、厕所、保健站等），按新水取用量计，不包括企业内部的重复利用水量；生活用水包括居民生活用水和公共设施用水（含第三产业及建筑业等用水）；人工生态环境补水包括城乡环境用水以及具有人工补水工程和明确补水目标的河湖、湿地补水等，不包括降水、径流自然满足的水量。

2. 非常规水：指经处理后可以利用或在一定条件下可直接利用的再生水、集蓄雨水、海水及海水淡化水、矿坑（井）水和微咸水等。非常规水利用量指再生水、集蓄雨水、海水淡化水、矿坑（井）水、微咸水利用量之和。再生水利用量指经过污水处理厂集中处理后的回用水量，不包括企业内部废污水处理的重复利用量，对于污水处理厂尾水直接排入自然水体进行生态补水的，在满足补水水质标准符合要求、具备生态补水需求和通过生态补水工程实施3个条件下纳入再生水利用统计范围；集蓄雨水利用量指通过修建集雨场地和微型蓄雨工程（水窖、水柜、雨水罐、水池、坑塘等）取得的供水量；海水淡化水利用量指海水经过淡化设施处理后供给的水量；矿坑（井）水利用量指采矿企业的矿井涌水量被第三方直接或经过处理后所利用的水量，不包括采矿企业自用的水量；微咸水利用量指矿化度为 2~5g/L 的地下水利用量。

3. 海水直接利用量：以海水为原水，直接替代淡水用于直流冷却、循环冷却等用途的水量。海水直接利用量单独统计，不纳入用水总量统计中。

三、指标解释

1. 人均综合用水量：用水总量与常住人口的比值。
2. 万元国内生产总值用水量：用水总量与国内生产总值的比值。
3. 万元工业增加值用水量：工业用水量与工业增加值的比值。
4. 耕地灌溉亩均用水量：耕地灌溉用水量与耕地实际灌溉面积的比值。
5. 农田灌溉水有效利用系数：灌入田间可被作物利用或有利于作物生长的水量与毛

灌溉水量的比值。

6. 高效节水灌溉面积：采用管道输水灌溉、喷灌和微灌等管道系统输水的节水灌溉措施，提高用水效率和效益的灌溉面积。

7. 灌溉面积：一个地区当年农、林、牧等灌溉面积的总和。

8. 非常规水利用量占比：非常规水利用量与用水总量的比值。

9. 人均生活用水量：生活用水量与常住人口的比值。

10. 人均居民生活用水量：居民生活用水量与常住人口的比值。

11. 火（核）电工业直流式冷却用水量：火（核）电工业用于直流冷却的水量。

12. 计划用水覆盖率：纳入计划用水管理的非居民用水户数与应纳入计划用水管理的非居民用水户数的比值。

13. 工业用水重复利用率：工业生产过程中使用的重复利用水量与用水量的比值。重复利用水量指用水户内部重复使用的水量，包括直接或者经过处理后回收再利用的水量。

14. 供水管网漏损率：供水管网漏损水量与总取水量的比值。

15. 人均年用水量：年用水量与用水人数的比值。

16. 高校年用水量：统计年度内，高校取自任何常规水源和非常规水、并被其第一次利用的水量的总和（包括教学楼、办公楼、食堂、宿舍、浴室、实验室、体育场馆、图书馆、景观绿化、附属设备等与办学相关的用水量，不包括学校附属的子弟学校、家属区、宾馆等用水量）。

17. 再生水厂：以污水或达到 GB 8978《污水综合排放标准》或 GB 18918《城镇污水处理厂污染物排放标准》的污水处理厂出水为水源，生产和供给再生水的企业和单位。

18. 雨水集蓄利用工程：采取工程措施，对雨水进行收集、存贮和综合利用的微型水利工程（水窖、水柜、雨水罐、水池、坑塘等）。

19. 雨水集蓄利用工程蓄水容积：雨水集蓄利用工程的蓄水能力。

四、数据说明

1. 除特别说明，《报告》中指标新增量均指 2024 年度新增。

2. 高校的统计范围为年用水量 10 万 m^3 及以上的普通高等学校、职业高等学校和成人高等学校。同一高校的不同校区作为不同用水户分开统计。

3. 再生水厂的统计范围为出水水质达到地表水准Ⅳ类及以上的污水处理厂和以污水

处理厂达标排放水为水源单独建设的水质净化厂。按照 GB 18918《城镇污水处理厂污染物排放标准》一级 A、一级 B 等标准直接排水的污水处理厂不纳入再生水厂统计。

4. 雨水集蓄利用工程的统计口径为蓄水容积 500m³ 及以上的水窖、水柜、雨水罐、水池、坑塘等，不含水库、坝塘及海绵城市雨水入渗设施。

5. 节水载体建设数量的统计口径为通过节水载体数据库填报并审核的数据。

6. 合同节水管理项目的统计口径为通过合同节水管理服务平台申报并审核的项目。

7.《报告》中所使用的计量单位，一般采用国际统一法定标准计量单位，个别沿用行业统计惯用单位。

8.《报告》中部分数据因数字位取舍而产生的计算误差，均未作调整。

9. 符号使用说明：各表中"—"表示该项统计指标数据不详或不涉及该项统计指标；"0.0"表示经统计及数字位取舍后的数值；"0"表示经统计为 0。

五、编制单位

《报告》由水利部会同国家发展改革委、工业和信息化部、住房城乡建设部、农业农村部、教育部、科技部、司法部、财政部、自然资源部、生态环境部、交通运输部、商务部、中国人民银行、税务总局、市场监管总局、国家统计局、国管局、国家能源局、国家疾控局组织编制。参与编制的单位包括水利部节约用水促进中心、中国水利水电科学研究院、水利部综合事业局、水利部发展研究中心、中国灌溉排水发展中心，以及各省级水行政主管部门。其中，水利部节约用水促进中心负责统稿并提供技术支撑；中国水利水电科学研究院、水利部综合事业局、水利部发展研究中心提供相关数据资料；中国灌溉排水发展中心复核相关数据资料；各省级水行政主管部门收集部分数据资料。各流域管理机构根据分工复核相关省级水行政主管部门收集的数据资料。